中央美术学院实验教学丛书

[建筑设计方法入门]

小区规划

——住宅与住区环境设计

韩光煦　韩燕　著

中国水利水电出版社
www.waterpub.com.cn

内容提要

本书是在教学实践的基础上编写出的针对艺术院校建筑与环境艺术专业学生的简明扼要、可读性强的辅助性教材，力求将知识性、趣味性和资料性结合起来。在编排方法上，将范例介绍、内容讲解与学生作业点评相结合，使学生通过一些典型的课程设计，在学到一些相关知识的同时，逐步掌握一套科学的工作方法与操作程序，提高以创意与表达能力为中心的综合能力。

本书可作为艺术院校建筑与环境艺术等相关专业学生的教学用书，也可供相关专业人员参考。

图书在版编目（CIP）数据

小区规划 ：住宅与住区环境设计 / 韩光煦，韩燕著. -- 北京 ：中国水利水电出版社，2013.11(2023.2重印)
（中央美术学院实验教学丛书. 建筑设计方法入门）
ISBN 978-7-5170-1485-0

Ⅰ. ①小… Ⅱ. ①韩… ②韩… Ⅲ. ①住宅—环境设计 Ⅳ. ①TU241

中国版本图书馆CIP数据核字(2013)第288326号

书　名	中央美术学院实验教学丛书［建筑设计方法入门］ **小区规划**——住宅与住区环境设计
作　者	韩光煦　韩燕　著
出版发行	中国水利水电出版社 （北京市海淀区玉渊潭南路1号D座　100038） 网址：www.waterpub.com.cn E-mail：sales@mwr.gov.cn 电话：(010) 68545888（营销中心）
经　售	北京科水图书销售有限公司 电话：(010) 68545874、63202643 全国各地新华书店和相关出版物销售网点
排　版	中国水利水电出版社微机排版中心
印　刷	天津嘉恒印务有限公司
规　格	210mm×285mm　16开本　9印张　301千字
版　次	2013年11月第1版　2023年2月第4次印刷
印　数	7001—9000册
定　价	**49.00**元

前　言

自20世纪80年代以来，随着城市建设和房地产业的快速发展，全国高等院校特别是艺术院校纷纷开设建筑与环境艺术专业，以适应经济发展对人才的需求。但现有高等院校的教材和专业书籍，或为专著，偏重技术性，或为图片、资料，以汇编为主，真正适合艺术院校建筑与环境艺术专业教学特点的并不多。

中央美术学院自1993年开设建筑与环境艺术专业以来，已有10余年历史。其间不断进行改革、探索，力求走出一条在艺术院校培养建筑人才的路子，既要使学生掌握设计必需的一般知识，更要让学生重视创新能力，以提高学生在未来设计领域中的竞争力。

中央美术学院建筑学院第一工作室有感于艺术院校多数学生偏重形象思维、造型能力强而理科基础相对较弱的特点，决定在教学实践的基础上编写出一套针对艺术院校建筑与环境艺术专业学生使用的简明扼要、可读性强的辅助性教材，并力求将知识性、趣味性和资料性结合起来。在编排方法上，这套教材将范例介绍、内容讲解与学生作业点评相结合，使学生通过一些典型的课程设计，在学到一些相关知识的同时，逐步掌握一套科学的工作方法和操作程序，发挥中央美术学院的优势，提高以创意与表达能力为中心的综合能力。

《建筑设计方法入门》按五个分册陆续编写，即《别墅及环境设计》、《会所及环境设计》、《小区规划——住宅与住区环境设计》、《手绘建筑画》和《建筑艺术欣赏》。

在编写过程中，中央美术学院建筑学院研究生朱力、刘玉婷等同学在作业整理、插图绘制和文字编排等方面做了大量工作，在此一并致谢。但终因作者经验和学识有限，错讹之处在所难免，尚望业内专家与读者不吝指正。

本书的范例选用了一些国内优秀设计作品和插图，由于是多年教学资料的积累，有些作者姓名或作品的出处已无从考究，因此无法注明；部分作品的作者也由于地址不详无法联系，谨在此一并致以深深的感谢。如对本书有任何建议或意见，请与本书作者联系。

作　者
2013年9月

CONTENTS

目录

第一篇 小区规划概论

绪 论

小区规划是居住区规划设计的主要内容，既是城市规划的重要组成部分，也是事关城市面貌和人民生活环境的重要工作，因而成为建筑与环境艺术工作者经常面对和必须承担的重要任务。

一、我国住宅与住区建设的发展与演变

改革开放30多年来，我国城市建设迅猛发展，年均城镇建筑量约20亿m^2，占世界建筑量的一半。其中增长最快的部分就是居住区建设。据统计，仅住宅一项就占国家工程建设总量的50%~60%。随着城市建设的快速发展和城镇化进程的加快，人民居住水平已有很大提高，全国人均住宅建筑面积已从改革开放前的6.7m^2猛增到2008年的28m^2（图0.1）。据北京市建委统计，北京市2008年商品住宅成交量为812.46万m^2，已批未售面积达1421万m^2，可见其规模之大。

居住区建设的快速发展极大地促进了城市规划工作，丰富了城市设计的内容，改变了城市面貌。深圳、珠海、青岛、威海、烟台和大连等一些城市的建设均得到了国际上的高度评价。我国的住宅设计水平有了很大提高，已达到甚至超过了某些发达国家的水平。沿海城市如此，内地也在紧紧跟上，正如电视片《再说长江》所说，重庆的地图每三个月就要重印一次。如此繁重的设计任务自然需要一大批掌握先进理念、具有较高艺术素养、能以科学发展观指导设计的建筑师和环艺工作者全力投入其中。

小区规划的任务就是要为居民创造一个满足日常物质和文化生活需要、舒适方便、安全卫生、和谐优美的居住环境。这就要求对建筑工程（住宅、公共建筑）、室外工程（道路、管网）和环境工程（绿化、景观）等诸方面进行精心安排，共同构成一个和谐的整体。

然而规划的内容、形式和标准是随时间、地点和环境而变化的，尤其是国家经济发展水平和由此提出的政策、标准对其影响很大。新中国成立60多年来，居住区建设的成就不可谓不大，在百业凋零的烂摊子上恢复建设的同时，解决急速膨胀人口的居住问题谈何容易。但改革开放前的30年，总体上说是解决居住条件的有无问题。虽然北京、上海等大城市以及重点工矿企业兴建了不少“新村”之类的小区，在规划形式上借鉴了前苏联的街坊式（如北京的百万庄、和平里）或其他国外邻里单位结合传统里弄式（如上海的曹杨新村和藩瓜弄）等，进行过有益的探索，形成了较为适应社会主义中国国情的小区规划形式，但居住标准普遍偏低，居住条件很差（图0.2）。这种情况在20世纪五六十年代的许多地方还表现为“合理设计不合理使用”，即几户合住一个单元，这是一种在图纸上看

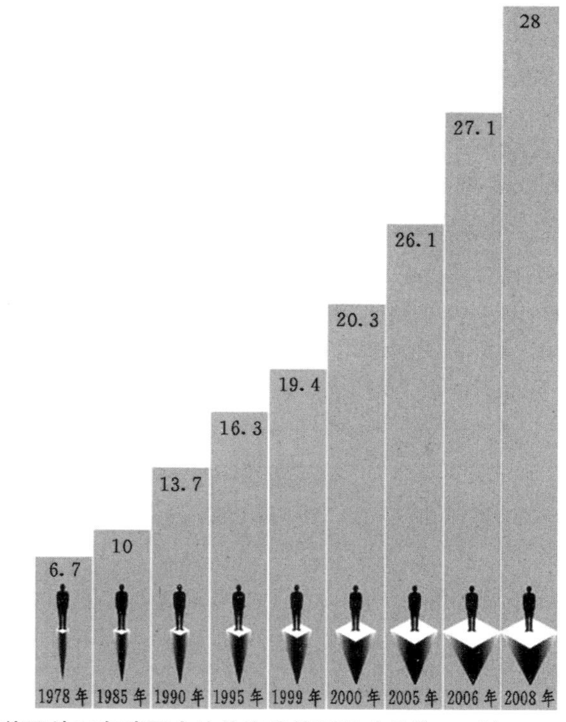

图0.1　改革开放30年我国人均住宅建筑面积（单位：m^2）

可以看出，20世纪80年代以后，我国城市人均住宅建筑面积在加速发展，且至今势头未减。

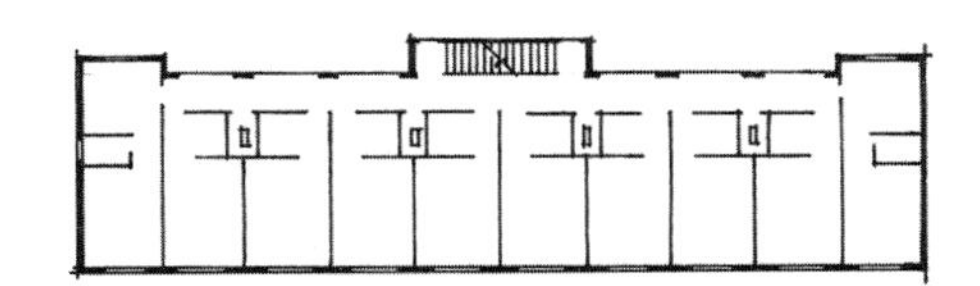

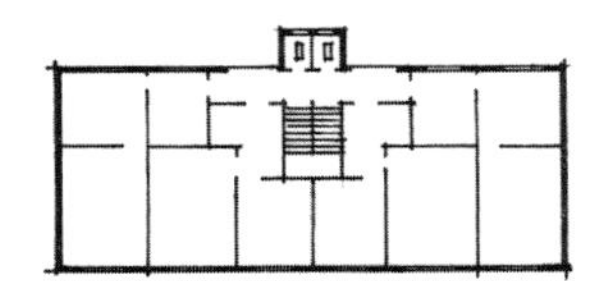

图0.2 南京梅山炼铁厂住宅

较为典型的低标准住宅，户型小、户型单一，2～3户合用一个厕所，穿厨房进卧室，可视为福利分房时期厂矿住宅的代表。

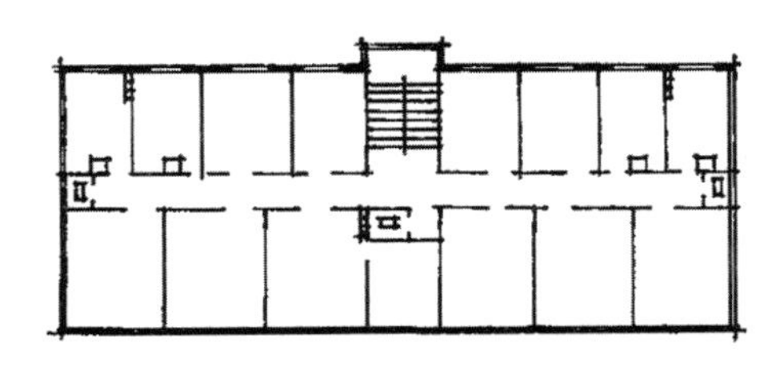

图0.3 北京55-6定型住宅

一室一户、2～3户共用一间7～9m^2的厨房，4～5户合用一个厕所，可称得上绝对的低标准住宅。

不出来的事实上的低标准；到了六七十年代，濒于崩溃的经济使住宅设计发展到绝对的低标准（图0.3）。但在许多工矿区，许多人连这样的住宅也住不上，油毡房比比皆是。改革开放初期的1978年，全国人均建筑面积降到了6.7m^2（按居住面积计算只有3.6m^2）的最低点。从人均6.7m^2到人均28m^2仅仅用了30年时间，这对于一个拥有13亿人口且发展极不均衡的大国来说，不能不说是一个奇迹。

表0.1所列数据为摘自建筑学会《2005年城镇房屋概况统计公报》的我国各地区城镇人均住宅建筑面积。由该表可见，2005年我国各地区城镇人均住宅建筑面积的前三位为浙江、上海和北京，后三位为贵州、西藏和青海。可见，住房水平与经济发展状况密切相关。

然而，人的需求增长是不会停止的。按照美国心理学家马斯洛的理论，人的生理需求满足之后必然会追求更多的满足，诸如安全的需求、友爱的需求、尊重的需求和自我实现的需求等。事实上，当改革开放、住房有无问题（即“住得下，分得开”）基本解决以后，人们的需求重点即转向居住质量的改善，这集中体现在住宅面积标准和室内设施水平的提高等方面。20世纪80年代席卷中国的装修热即反映了这一时期的特点。这说明人们在初步实现了“居者有其屋”后，精神上因得到解放而呈现出空前的兴奋状态，开始有了对美的追求。

到了20世纪90年代，沿海及个别大城市率先进入小康时代，人们对居住区环境质量、绿化景观和市政配套方面提出了更高的要求。这突出表现在居住环境“均好性”概念的提出，即所有住户都能享受到良好的日照、必要的活动空间、优美的景观环境和便捷的服务。而在南方沿海城市，本来对日照的要求就较少，由于空调等家用电器的普遍使用，更进一步减少了人们对朝向的依赖，因而人们对庭园和户外景观环境的要求甚至超过了朝向和日照，由此导致景观设计的迅速升温。

从“先生产后生活”到个别城市的“后小康”时代的转化，

表0.1　　2005年各地区城镇人均住宅建筑面积　　单位：m^2

东部地区	28.00	中部地区	23.90	西部地区	25.24
北京	32.86	山西	24.79	内蒙古	22.96
天津	24.97	吉林	22.46	广西	25.23
河北	26.04	黑龙江	22.03	重庆	30.68
辽宁	21.96	安徽	22.56	四川	27.48
上海	33.07	江西	25.58	贵州	20.40
江苏	27.95	河南	23.40	云南	28.59
浙江	34.80	湖北	24.99	西藏	20.86
福建	32.28	湖南	26.00	陕西	23.40
山东	26.47			甘肃	23.28
广东	26.46			青海	22.00
海南	24.18			宁夏	23.90
				新疆	22.22

反映了国家经济的发展和时代的进步。这种转化为居住区规划设计的发展、成熟创造了极为有利的条件，但同时也带来了诸多新的问题和要求。例如，出于方便舒适和节约用地的要求，小高层住宅广泛兴起；随着私家车的快速增长使停车场的设计成了重要内容；会所和超市等项目的出现使按千人指标开列项目的老办法不再普遍适用；户外景观、庭园环境和无障碍设计等体现人文关怀的设计成为必不可少的项目。此外，户均人口减少、社会老龄化、物业管理的介入和投资的多元化都从不同方面影响着规划工作。特别是住房的商品化和民间投资房地产打破了国家对居住区建设的一统天下，住宅档次、面积和设施标准转而主要由市场决定。开发商为追求利润的最大化，采用提高标准、扩大户型和增加层高的办法，导致高档房大量空置，而价位较低的经济适用房又供不应求。市场化过程中出现的问题反过来又迫使政府采用行政手段加以调节。2006年国务院九部委联合颁布的《关于调整住房供应结构稳定住房价格的意见》中提出了六条意见（简称为“国六条”），规定新上房地产项目套型建筑面积在90m²以下的户型所占面积比重不能少于70%，并拟对价位予以限制。以上这些说明，住宅与住区环境设计是一项事关国计民生、政策性很强的工作，除遵守必要的规范、对国家负责外，还必须面对市场的考验，从而在工作内容和方式上必然产生重大的变化。作为国家未来的建设者，就要关注社会发展，在进行小区规划设计中注意社会调查，把建筑和环境艺术创作与切实解决社会需求的实际结合起来，将功能、技术与艺术三个基本因素融为一体，扎扎实实地解决问题。从这个意义上说，小区规划本身就是一个符合素质教育、培养复合型人才要求的课题。

二、住区的类型与结构

居住区有多种类型，包括新建居住区、旧城改造居住区和独立厂矿职工居住区等。由于所处地区位置、经济发展水平、城市设施可依托条件以及居住对象的不同，其住宅类型、公共建筑配套项目和环境设计也有所区别。新建居住区比较完整，其规划布局、住宅造型和环境设计可以在符合城市总体规划的前提下按合理要求做全新的设计。旧城改造居住区建设受城市现状条件和周边环境制约较多，工作复杂；同时，由于高地价和高动迁费用加大了开发成本，从经济效益考虑，必然要求较高的容积率和较高的设施标准。而独立厂矿职工居住区由于居住对象明确，其规模与人口结构变化易于控制，设计受市场影响相对较少。

但无论属于哪种居住区类型，其基本结构不外乎两种，即两级结构或三级结构。

两级结构多表现为：

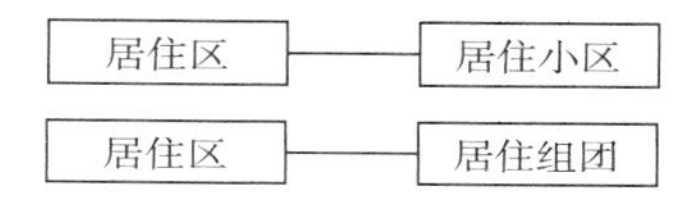

三级结构是最完整的结构，往往为大型居住区所采用，即：

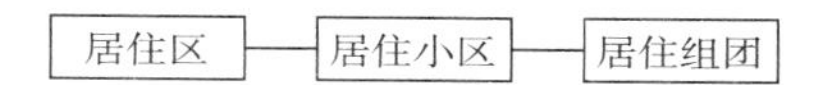

上述两种居住区基本结构可以简图表示，如图0.4所示。

采用哪种规划结构取决于居住区所处环境规模和功能要求，其原则是公共服务设施尽可能接近居民并且小学生上学不跨越城市干道。通常，公共服务设施服务半径与居住区规模直接相关，如表0.2所示。

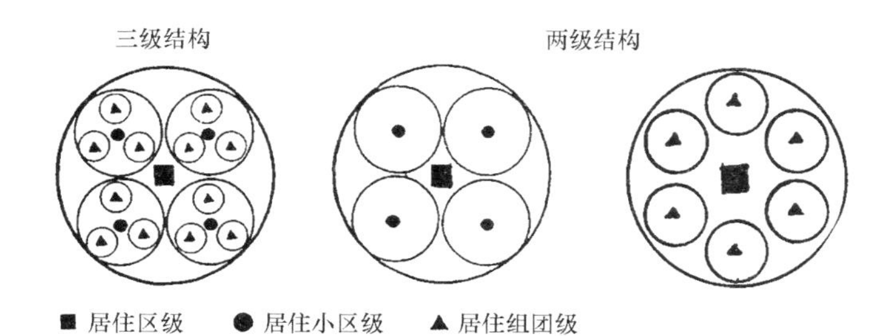

图0.4　居住区与公共建筑分级结构

居住区与公共建筑根据用地大小和服务范围分为三级结构或两级结构。在旧城区改造或地形复杂的情况下则应灵活处置，以适应环境、服务便捷的原则。

表0.2　**公共服务设施服务半径与居住区规模的关系**

居住区级别	公共服务设施服务半径（m）	户数（户）	人口（人）
居住区	800~1000	10000~15000	30000~50000
居住小区	400~500	2000~3500	7000~13000
居住组团	150~200	300~800	1000~3000

因此，公共服务设施的布置和城市干道是影响居住区规划结构的最重要因素。当然，上述原则是针对一般情况而言，并非一成不变。例如，因出生率下降和小学生择校入学，有时一个小区的儿童数量达不到独立建校规模，只能几个小区合设一所小学，加上汽车进入家庭，小学生上学不跨越城市干道的原则已常被打破。

三、居住小区的规划设计

居住区的规划是指对居住区的布局结构、住宅群体布置、道路交通、公共服务设施、各种绿地和游憩场地以及市政公用设施和管网等各个系统进行综合和具体的安排。居住区一级的规划往往由城市建设主管部门委托专业规划设计院编制。而这里所提到的小区规划是指在居住区控制性规划指导下的小区级修建性详细规划。控制性规划一般只对地块划分、用地性质、容积率、建筑限高和主要出入口方向等方面作原则性规定；而修建性详细规划则要对区内各有关系统作详细的布置、计算，包括住宅单元、户型和主要公共建筑的方案以及主要景点的形象等，并对小区规划的主导思想、风格、创意以及各项指标加以详细地说明。总之，小区详细规划就是要完整而具体地反映出小区未来的真实面貌，不仅要有设计方案、艺术形象，而且还要有技术原则和经济指标，以供投资方决策、主管方审批和社会公众的评价与选择。

由于投资能力所限或出于资金运作考虑，为及时应对市场，加快资金回笼，投资商开发的项目大多选择居住小区甚至居住组团一级。即使做大规模开发，也要分期实施。也就是说，一般设计单位和设计人员大量面对和经常承担的是居住小区（包括居住组团）一级的规划设计任务。因此，将“小区规划——住宅与住区环境设计”作为建筑与环境艺术专业高班学生课程设计的保留课题是十分必要的。事实证明，能很好地完成这一课题的学生毕业后在工作岗位上大有用武之地，并且能表现出很强的竞争力。

一个完整的小区规划设计应包括以下内容：

（1）住宅骨干户型设计与选型。

（2）居住与公共建筑系统规划。

（3）交通系统规划。

（4）绿化与景观系统规划。

（5）市政设施规划。

（6）设计说明与技术经济指标等。

需要说明的是，对于初学规划的建筑与环境艺术专业的学生来说，“小区规划——住宅与住区环境设计”课题在满足一般规划的基本要求（如容积率、户型比、日照间距、建筑限高和退红线距离等）的前提下，更侧重于总体构思、空间形象和景观效果的创作，鼓励创新，而对于纯技术性问题（如竖向设计、工程管网设计等）涉及较少。因此，其深度相当于实际工程规划中的方案设计部分，而这也正是体现设计竞争力的主要因素。

住宅与住区环境设计是城市建设的重要组成部分，与人民的日常生活和精神文明建设密切相关，同时受到生产力发展水平、消费能力和传统文化等多方面的制约和影响。因此，要求创作者具有很强的政策观念、严谨的工作态度和丰富的空间造型能力。既要从实际出发、不脱离国情条件，更要吸收国内外先进的规划理念，作适度超前的探索，引领和促进住区建设向更高的水平发展。

第一章 住宅选型与公共建筑配置

住宅与公共建筑设计及其用地规划是小区规划的主要内容。如果将小区规划看作一盘棋，那么住宅与公共建筑就是棋子，没有棋子或者棋子所在位置不当，就无法摆出精彩的棋局来，这在住宅设计上表现得更为突出。住宅是小区建筑的主体，占小区总建筑面积的80%以上，其用地占小区建筑用地的50%以上。认真做好住宅设计（包括对较成熟的住宅户型的选用和适当修改）向来是小区建设成败的关键。用户看户型购房，开发商靠户型卖钱。因此，开发商对户型设计往往十分挑剔，而且常常依销售情况要求作出修改。

住宅设计的主要内容包括类型选择、户型设计和确定恰当的户室比。

公共建筑涉及住户日常生活的舒适和方便程度，同时由于公共建筑形象丰富，具有一定标志性，往往成为小区风格和档次的象征，因而也是用户购房时考虑的因素。尤其是小学、幼儿园及休闲购物场所等与日常生活密切相关的公共建筑项目更受关注。

第一节 住宅分类与适用性

居住建筑按居住对象的不同大体上分为两类：习惯上将供家庭居住的称为住宅，而供单身居住的称为宿舍（其中设备较好并能提供服务的又称为公寓）。除厂矿、学校等单位通常建有供单身居住的宿舍外，城市居住小区主要是由住宅（及相应的公共服务设施）构成。一些经济条件好的“白领”、学生或外籍人士虽然也是单身，但为了生活和工作的方便也会选择购买或租用住宅，也成为小户型住宅的需求者。

一、按层数分类

住宅按层数可分为以下几种（图1.1）。

低层住宅：1~3层住宅。其特点是与环境结合紧密，结构体系简单，建造容易，但用地不够经济。低层住宅多为老城区、农村的原有住宅或新建高档住宅（包括独栋或联排“别墅”）。

多层住宅：3~6层住宅。一般不设电梯，混合结构，较为经济，是城市住宅（特别是中小城市）、城镇住宅的主要类型。

高层住宅：7层以上需设电梯的住宅。多采用框架或框剪结构，造价较高，用地较省，大城市多为采用。

其中7~9层的高层住宅称为

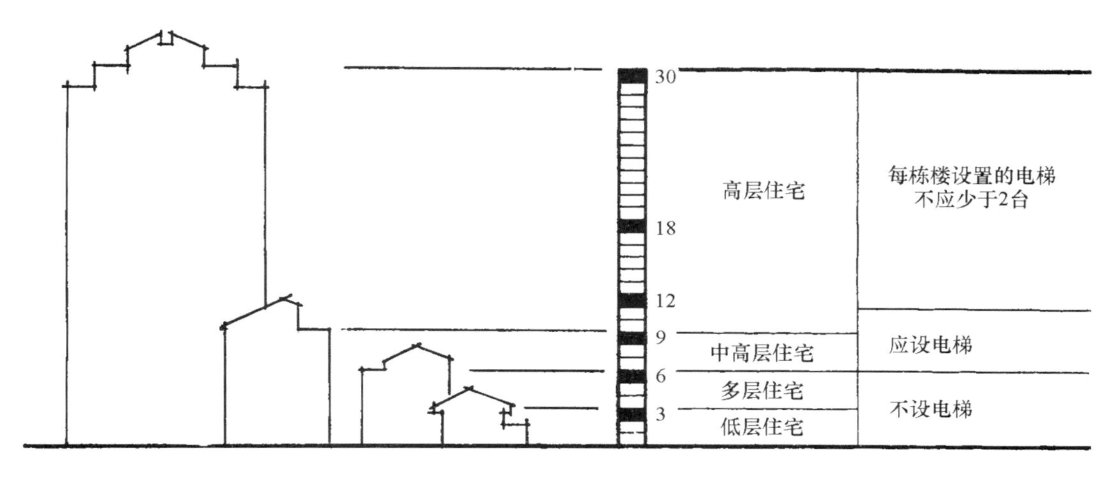

图1.1 住宅按层数分类

多层住宅是城市特别是中小城市住宅的主要类型；高层住宅多为地价昂贵的大城市采用；而中高层住宅（又称为小高层住宅）因其设备相对简单、居住舒适方便而受广大城市居民欢迎，高度可做到12层。

中高层住宅或小高层住宅。每个单元除楼梯外仅设一部电梯。结构设备方面较为经济，造价低于高层住宅，方便舒适，是近年来广受欢迎、发展较快的一种住宅类型。

二、按平面形式分类

住宅平面形式繁多，按单元形式可分为九类，如表1.1所示。

住宅单元的平面形式（图1.2）各有优、缺点，应根据消费层次、用地条件和气候特点具体选用。

低层住宅（包括独院式、联排式）在过去的时代是城市住宅和民居的主要形式，而在新建城市居住区中，低层住宅因其容积率低、用地不经济而受到限制，只能用于环境质量和舒适度要求较高的别墅区，或与其他楼型在居住区中搭配应用，以满足不同层次的需要。

梯间式住宅是当前住宅的主要形式，因其布局紧凑、干扰少、可满足多种户型需要和易于解决户内通风（以一梯两户最为有利）而广泛应用于多层、小高层和高层住宅中。

内天井式住宅多为加大住宅进深、提高容积率而采用。

表1.1　按单元形式划分的住宅平面形式

编　号	住宅类型	特　点　及　用　地
1	独院式	俗称别墅，1~3层，有独用院落，环境条件好，占地多
2	联排式	1~4层，可有前后入口，有院落，占地较多
3	梯间式	平面紧凑，居住条件好。用于多层与高层住宅，用地较省
4	内廊式	部分住户朝向、通风差。用于多层与高层住宅，用地较省
5	外廊式	通风好，户数多时有干扰。用于多层与高层住宅，用地较省
6	内天井式	第3、4类的变化形式，进深大，用地省，适用于低层与多层住宅
7	独立单元式	即点式或塔式，平面灵活，用于多层和高层住宅，有利于节约用地，丰富群体景观
8	跃廊式	第4、5类的变化形式，适用于高层住宅，有利于均衡朝向
9	复式	一户占有两层，多用于底层和顶层，户内空间丰富，有利于销售

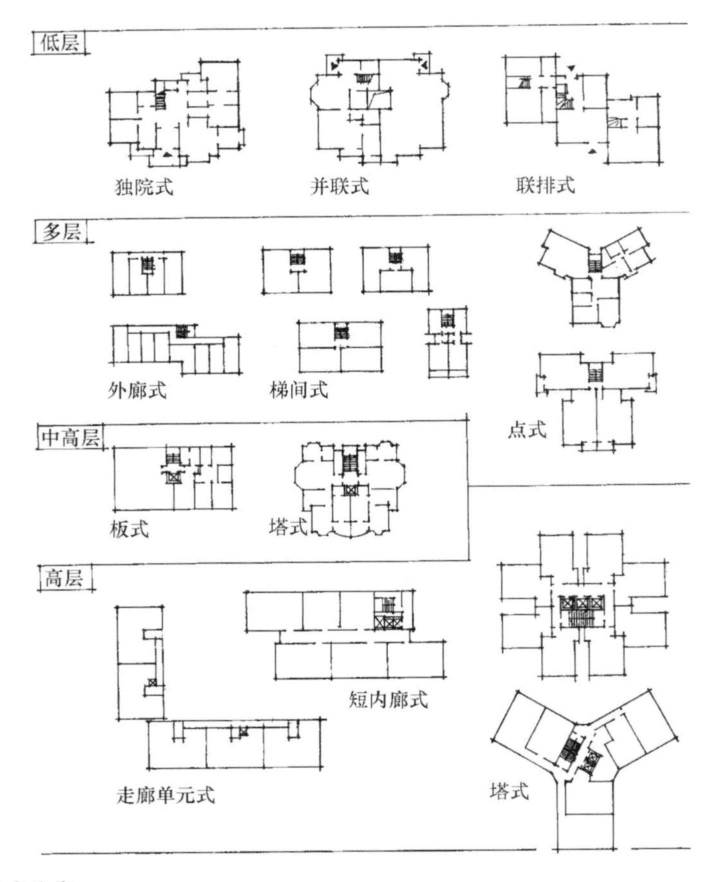

图1.2　住宅按平面形式分类

不同层数的住宅单元按平面形式又可分为多种类型，并可按拼接方式构成板式、塔式等不同单体。

天井可以改善大进深住宅内部的采光、通风条件，减少黑房间，并营造出别有情趣的、幽静的室内环境。但如果天井周围窗户太多、处理不当反而可能造成相互干扰。在高层中，天井对低层部分的采光基本失去作用。

独立单元式住宅，无论对于多层或高层住宅都具有视野开阔、通风良好和布置灵活的优点，并可充分利用零星地块，对节约用地十分有利。

跃廊式住宅，主要是解决内廊式住宅朝向不均衡的问题，使每户均拥有两个朝向，有利改善通风和节省公共交通面积，但实际应用较少。

复式住宅，目前应用较为广泛，除适应较大户型、丰富室内空间外，多用于多层或高层住宅的底层和顶层，因住户可以获得底层私家花园和屋顶花园而广受欢迎，从而有利销售。

第二节 住宅的经济性

住宅的经济性与住宅的层数、进深、长度、层高及使用面积系数等诸多因素有关，其影响主要表现在容积率和造价方面。

一、层数

多层住宅中以5~6层最为普遍。这是因为综合结构、设备和用地等因素，以5层最为经济。而6层在不设电梯的条件下已是多层的极限，对节约用地和提高容积率都有好处。目前，在一些地区仍有高达7层而无电梯的住宅，这已超过正常人体力所能适应的高度，日常生活及家具搬运等极不方便。在特殊情况下，例如坡地建筑，地台呈阶梯状，住宅可从2层或3层进入时，当然不在此例。

高层建筑以12层最为经济，其结构、设备、电梯和基础工程等与8~9层住宅相仿，不仅用地节约，而且结构和设备的潜力可发挥得比较充分。从居住者心理感受方面说，在12层上向下望视线距离约30m，可以清楚地看到孩子在楼下玩，有一种安全感。但是，在大城市某些地区地价昂贵，或者北面临街，有较大的日照间距可以利用时，住宅可能盖得更高些，这是因为地价和容积率已成为决定经济性的主要因素。

二、进深

学过几何的人都知道，四边形中在相同面积的情况下正方形周长最短。同理，对于同样面积的住宅，进深大则面宽小、外墙长度短，相应的维护结构和能耗都小。因为在日照间距一定的情况下适当加大进深，可以增加容积率，因而经济效果显著。但过大进深也会带来中间部分采光不足、室内通风不畅的问题，这就是内天井和外墙凹槽出现的原因。

三、长度

适当增加住宅的长度，可以减少住宅占地，减少山墙，有利于降低造价和减少能耗。但在复杂地形上布置住宅，单元拼接过多、过长会增加结构难度，也不利于对零星地块的利用。

四、层高

据计算，层高每降低10cm，可降低造价1%，节约用地2%。我国目前住宅层高一般采用2.7~2.9m，净高不低于2.5m。适当降低层高不仅有利于节约资源、降低造价，还有利于节约空调和供暖费。但有些开发商通过超高加层牟利，为遏制这一现象，北京市规划委员会于2006年7月出台容积率计称规则，规定住宅层高大于4.9m时，无论是否有夹层，均按2倍面积计算；层高大于7.6m时，按3倍计算。由于层高加高必然提高造价，而成本的提高又必然转嫁到用户身上，因此，上述规定不仅是为了控制开发商非正当牟利，也是对国家和公众利益的保护。

五、使用面积系数

住宅使用面积系数的计算方法为

$$使用面积系数（\%）=\frac{套内使用面积}{套型建筑面积}$$

显然，住宅的使用面积系数越高，表明建筑面积的有效使用率越高，越经济，亦即用户为获得同等使用空间所需的投入越少。

除上述因素以外，合理的平面设计包括户内合理的流线、动静空间的分区、门窗开启的位置（与家具摆放相关）和空间的有效利用等。总之，全面的设计水平都直接关系到住宅的经济实用（图1.3）。

第三节 住宅的设计与选型

一般说来，在小区规划课程之前，都安排有集合住宅设计的课程，对住宅套内设计有详细的讨论。其设计要点主要是：要有合理的功能分区，居住空间、辅助空间和交通空间合理组合，保证主要居室有良好的朝向和日照；要有合理的户内交通流线，动静分区，公共空间和私密空间互不干扰；有良好的自然采光和自然通风；房间形状、比例和门窗开启位置要有利于家具摆放，空间利用充分；尽量做到模数化、通用化，适应居民生活需求的变化。这些原则对任何形式的住宅都是普遍适用的。

本节所讨论的住宅设计与选型则是在上述普遍原则的基础上，进一步从满足小区规划要求的角度合理确定住宅的标准、户室比和套型设计。

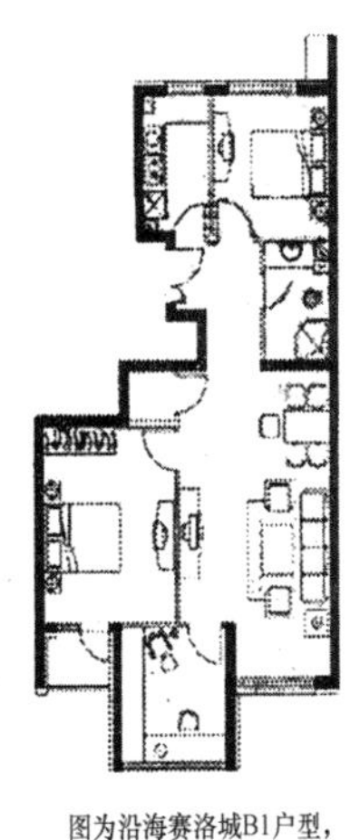

图为沿海赛洛城B1户型，建筑面积102m²，实用面积85m²。

a.

一房展会某项目展示三居户型，上面标明户型面积114.69m²。　　杨多多 摄

b.

c.

(八五新住宅5217方案)

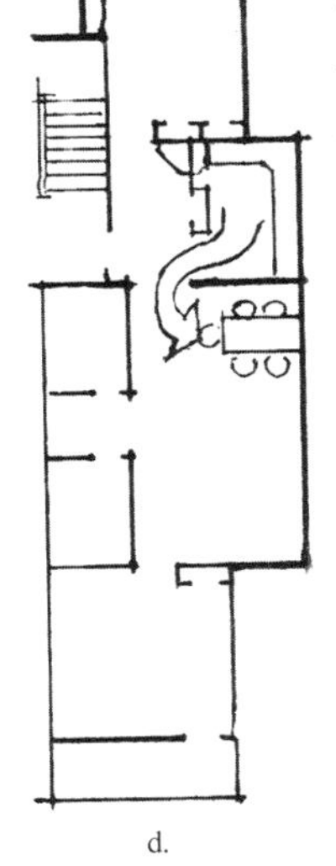

d.

图1.3　住宅方案的选择与分析

住宅的经济性不仅在于面积大小与售价高低，更在于是否实用，流线安排不合理、家具不好摆放就是空间和面积的浪费。

a与b是2006年8月4日《新京报》刊出的两个户型平面，其中a方案的厨房与餐厅距离过远，与入口、卫生间和卧室间交通多次交叉；b方案餐厅大而无当，餐桌位置为交通所包围，“腹背受敌”。

c是一个很好的方案，餐厅位置稳定，但与厨房间交通线仍显稍长，且与入口及换鞋处有些干扰。

d设想将厨房门移一下，既缩短了交通线，又减少了与入口和换鞋处的交叉，还可使北卧室门口出现一稳定的小角落，可资利用。

一、合理确定住宅标准

在计划经济的体制下，住宅标准（包括面积标准、设施标准和造价控制）均由国家和地方主管部门确定，不可随意改动。但在改革开放以后，住宅标准出现了根本性变化。一方面，随着人民生活的改善，住宅标准普遍提高；另一方面，具体标准基本由开发商根据市场决定，还会在分期建设中根据销售情况有所调整，而国家主管部门会从社会需求和供需情况进行宏观调控。例如，2006年中央九部委出台的“国六条”规定居住项目中90m²以下套型住宅的面积要占70%以上，以及北京市对层高超高建筑面积计算的规定等，都是调控的具体措施。在小区规划中，相关标准的要求都会在任务书中明确，成为户型选择的依据。

二、满足户室比的要求

“国六条”中对户室比的要求，是出于满足不同人口组成家庭对住宅的需要。在计划经济时代，或新建的厂矿独立居住小区，是根据对家庭人口结构调查作为户室比的依据的。在商业开发的条件下，户室比主要是根据投资方或所委托的策划公司所作的市场调查决定的。居住对象和消费能力不同，对户型的要求也不同，因此住宅的户室比已经不完全是由家庭人口结构所决定的了。从北京目前的情况看，建筑面积在80~100m²的二室户仍居首位，占总数的60%左右；120~150m²的三室户占30%左右；50~60m²的一室户占10%左右。这个比例大体上适应当前社会消费的水平。

不同地区、不同的群体对户室比的要求是不同的。例如，在新技术开发区，年轻的白领和科技人员较多，第一次购房以小户型为主，一室户的比例较多。当这些人员具有一定经济实力以后，会选购较为永久性的较大户型，而将小户型转让或出租。因此，户室比不是一成不变的，常视市场情况而调整。即使同样的户室比，随着经济发展水平的提高，其质量、面积和设施标准也会有所变动。

在小区规划中，满足户室比的要求可以有两种方式：一种方式是在一栋住宅楼里包括各种户型并且比例基本适当；另一种方式是在更大的范围（如在组团或小区范围）内平衡解决，这时住宅单体内可以是多种户型，也可以是比较单纯的户型。实际上第一种方式很难实现，通常需要采用第二种方式解决。还可以将某些户型（如单身公寓）集中在某一区，有利于集中提供有针对性的服务。此外，为解决日照问题或丰富体型，常将某些单体顶层或尽端做些变化或底层架空等，从而使户型变化并对户室比产生影响。在课程设计中，一般要求至少选用三种以上不同的单元类型，既可以使规划的小区群体空间丰富多彩，也有利于灵活地平衡户室比，满足不同层次的需求（图1.4）。

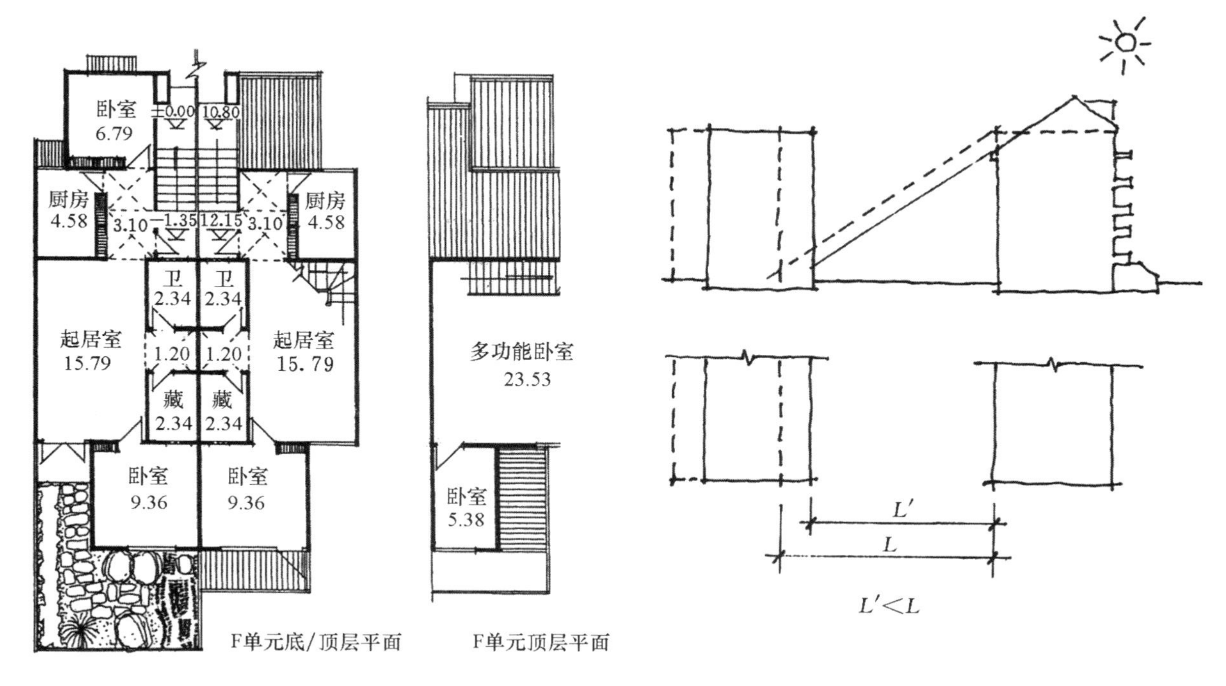

图1.4　户型与户室比变化（八五新住宅5217方案）

削减了顶层北向房间，同时利用屋顶空间做成复式，将二居室改为三居室，既减小了日照间距、充分利用室内空间，又增加了新户型，改变了户室比，一举四得。

三、提高户型的适应性

户室比的可变性要求住宅设计具有更大的适应性，即根据需要可在一定范围内灵活变化户型。例如，在较为传统的梯间式单元2-2-2户型通过隔壁的变化改为3-3户型，或者将2-2户型改为3-1户型（图1.5）。一些从事美术、演艺或设计的人，特别喜欢将隔墙拆除、将主要空间打通，根据个人工作和喜好重新布置。有些人可能看中小区与周边环境而对套内布置不满意，一开始就打定主意改造。在这方面，国外一种只提供围护结构和管道接口、内部可灵活分隔的“支撑体住宅”很值得借鉴。这是一个值得注意的趋向。使用的可变性与结构系统的稳定性要求在户型的设计或选用之初就必须有所考虑。

四、单元的选用、修改与设计

小区规划由多种住宅单体楼型构成，而楼型又由各种住宅单元进行水平或垂直拼接而成，因此，单元的选用是小区建筑群体规划开始前的最基础的准备工作。前述内容所谈的住宅分类、经济性和设计原则都是为单元的选用这一环节服务的。

改革开放以来，我国住宅设计发展很快，无论户内功能的安排、设施水平还是外观造型都有长足的进步。在居住水平日益提高和房地产经营激烈竞争的推动下，各地都针对本地特点竞相推出新的户型设计，方案丰富多彩，选择余地很大。在此情况

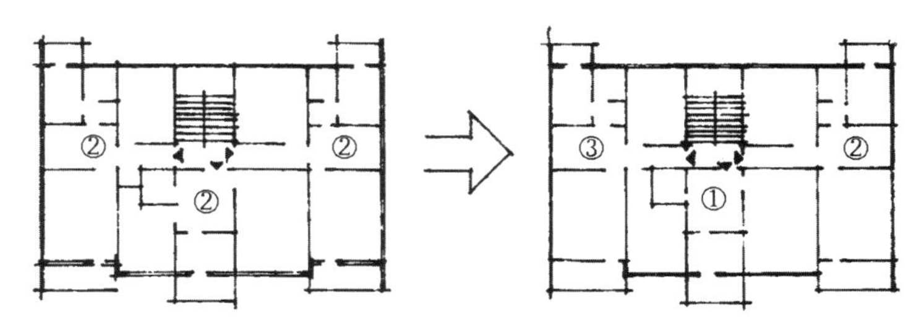

图1.5　用户型变化调整户室比

只需将某些房间门的开启方向改变，即可将2-2-2户型改为3-1-2户型甚至3-3户型结构，从而适应居住需求的变化。

下，为了集中精力解决规划设计问题，我们可以按照给定的标准和户室比，结合社会调查到市场上去收集和选择户型。这里重要的是要进行认真的比较和分析，找出其特点和优、缺点，以决定取舍或作必要的修改、完善，在此基础上进行组合、布置，使之符合规划需要。这与关起门来从零开始作户型设计相比，不仅起点高，而且可以事半功倍。充分利用社会资源是教学结合实际的好方法。当收集的资料不充分或需增加某种更具创新意义的特殊户型时，则需要重新设计。

无论选用、修改或设计都须注意以下几点：

（1）适合地区环境特点。在气候炎热的南方应注重通风，而在北方则更需注意保温和争取日照；坡地建筑可用错层或前后入口以充分利用地形；大城市地价高昂可适当增加高层、小高层比例以提高容积率，而中小城市则以四五层住宅为主以适应其消费水平；等等。

（2）尽量反映设计新趋势。例如，适应现代家庭聚会增多而普遍采用的“三大一小”（大厅、大厨房、大卫生间，小居室）；在面积允许的条件下使餐厅与客厅相对独立；厨房由封闭走向开敞甚至餐厨合一；较大户型中普设双卫生间，在大户型中增设储藏间或工人房（或保姆用房）；在公共部分增设邻里交往空间；具有空间绿化措施和无障碍设计；等等。这些变化是时代进步和生活方式变化在设计上的反映，应当尽量结合具体环境条件，有选择地加以采用。

（3）户型内部空间布局合理、动静分区明确，有利家具布置，便于功能调整等。单元之间要便于拼接，便于按规划需要进行组合（图1.6）。

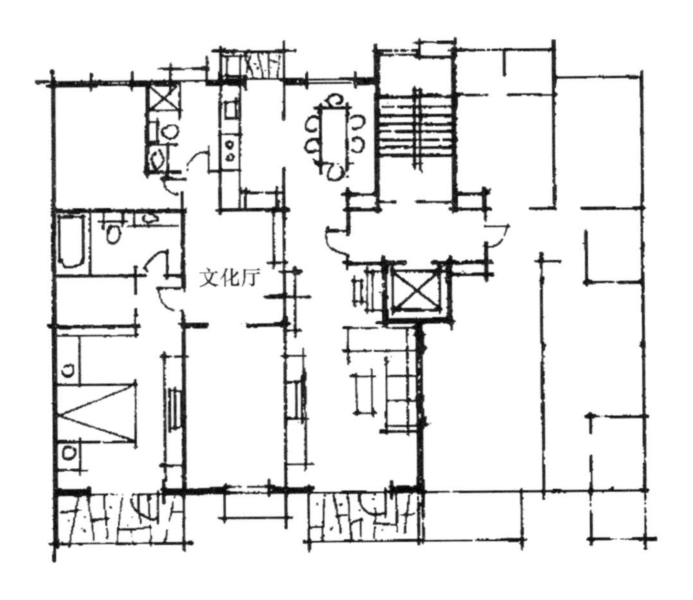

图1.6　住宅功能的合理布局（北京慧谷阳光）

该三室户动静分区明确，流线清晰。在动静两区中间增加了一个过渡空间——“文化厅”（相当于多功能的家庭起居室），既丰富了室内空间，又提供了使用上的灵活性。

（一）常见住宅类型

常见住宅类型有多种，其标准、适应条件各不相同。常见的有以下几种（图1.7）：

（1）长外廊式住宅：进深小，朝向好，通风好，但户间干扰大，早期的长廊住宅需穿厨房进居室，共用卫生间，标准很低。

（2）短外廊式住宅：干扰较少，但需穿厨房进居室，共用卫生间，仍属低标准住宅。

（3）梯间式住宅：独厨独厕，户型可变，但厅很小，仅起交通作用。如为3户以上住户时，中间住户通风不良，居住水平仍偏低。

（4）独立单元式住宅：多层为点式，高层则为塔式。外形活泼，视野开阔，适于零星或不规则地段，有利于节约用地和丰富群体空间。

（5）中高层住宅；既具有传统多层住宅的亲近自然、造价不高的特点，又具有高层住宅交通便捷、舒适的特点，因而在具有一定消费能力的大中城市中，已成为一种广受欢迎的新住宅类型。

（6）独院式住宅（俗称别墅）：传统住宅形式，用于现代城市则为高标准。占地多，环境好，限制采用。

（7）联排式住宅：传统与现代居住形式的结合，用地少于独院式，但仍有院落，标准较高。

（二）住宅设计新趋势

随着居住区建设的快速发展，住宅设计呈现出一些新的趋势，户型更加丰富多样，设计更为科学合理，大户型功能趋于完备，小户型则着力解决基本居住质量问题，从而适应不同人群和消费水平的需要。住宅设计的新趋势主要表现在以下几方面：

（1）花园入户。经户内花园进入室内，创造更符合生态要求、更具个性的绿化环境，使居住在多层的住户都拥有私家花园（图1.8a）。

（2）增加交往空间。在提前进入老龄社会的居住环境中，关注老年人需求、增加交往空间，对构建温馨和谐的社区环境十分重要。这种交往空间必要时也可进行改造，使之成为供居住或服务的室内用房（图1.8b）。

（3）增加工人房（或保姆用房）。在较大户型中，为适应家庭服务增设保姆用房的设计已不鲜见。保姆用房面积不大，却可解决实际使用中起居不便的问题，并提供更多可供灵活使用的辅助空间（图1.8c）。

（4）改善小户型的环境

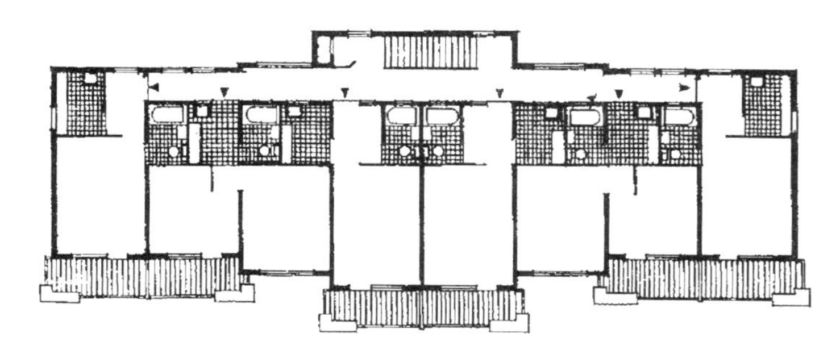

a.长外廊式住宅（上海）

长外廊住宅进深小，朝向好，有利通风，适合南方气候，但户间干扰大。

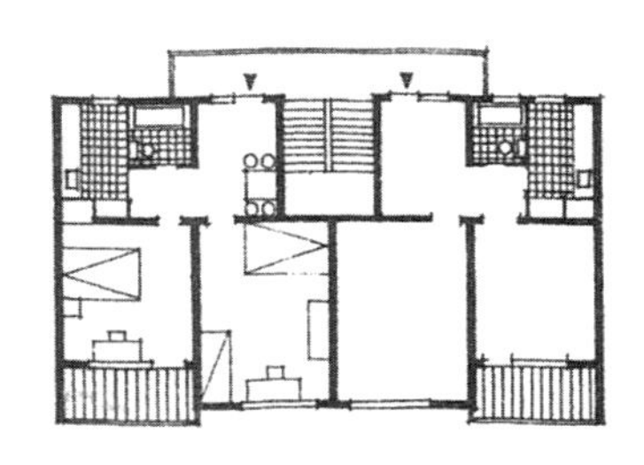

b.短外廊式住宅（福建）

短外廊住宅干扰少，居住环境优于长外廊住宅。

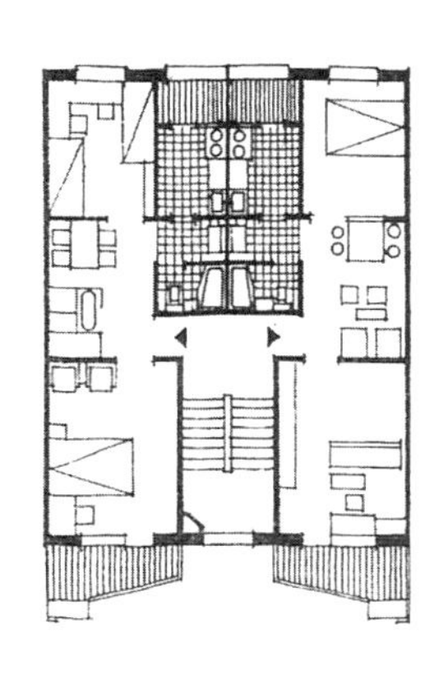

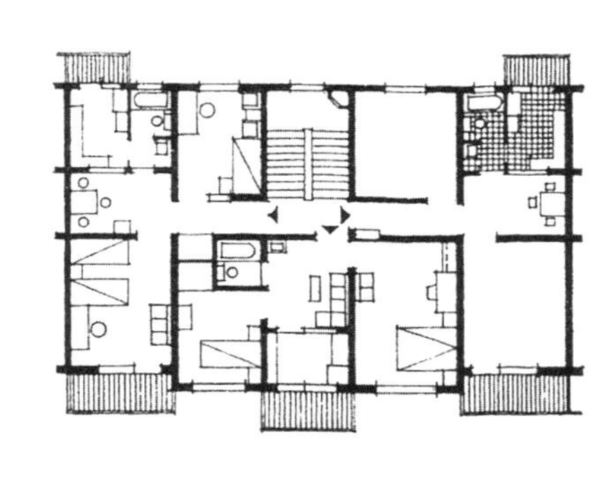

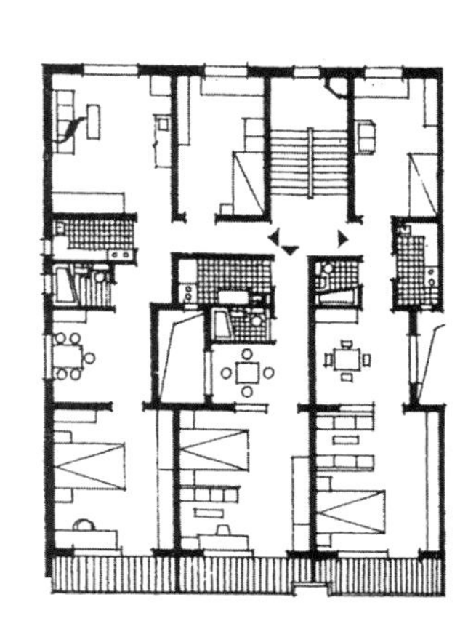

c.梯间（内廊）式住宅（河北）

一梯两户内廊住宅居住环境安静，户内有穿堂风，朝向均衡，最受欢迎。

一梯三户（或多户）的中间单元朝向单一，通风不良，条件较差。

为加大进深而增加的小天井可解决内部房间的通风问题，但对底层采光作用不大。

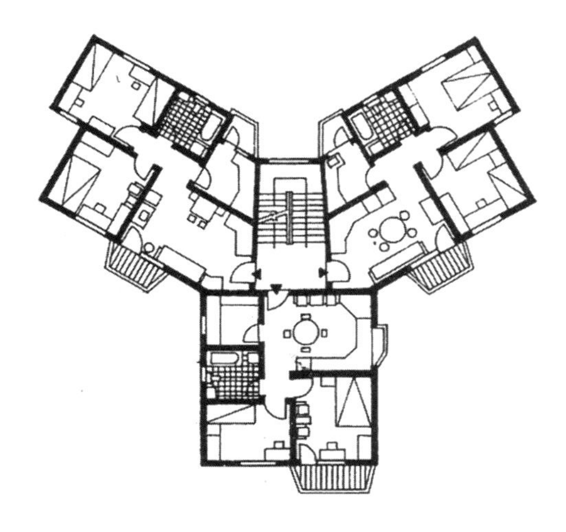

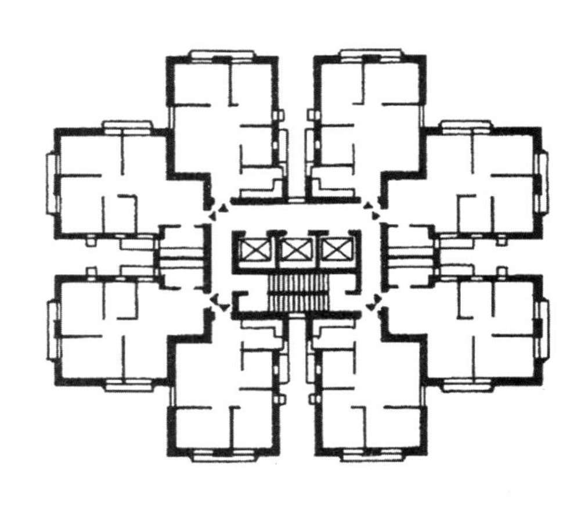

d.独立单元式住宅（广东）

多层住宅又称为点式住宅。通风采光良好，视野开阔，有利于利用零星地块，景观丰富。

高层住宅又称为塔式住宅。为充分发挥电梯及设备效率，一般为每层多户，部分住户朝向差。

为解决内部通风采光，平面出现许多凹槽，容积率高。

图1.7(一)　常用住宅类型

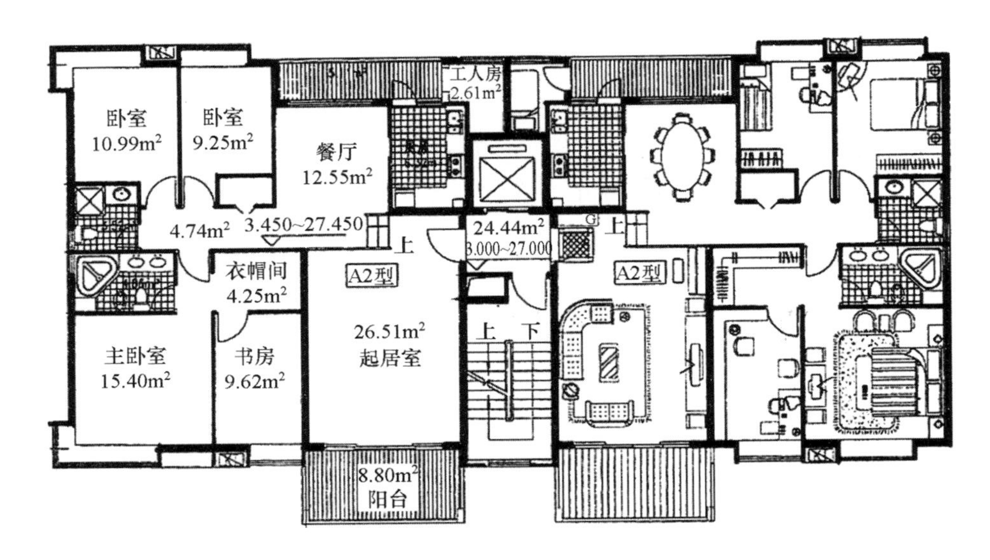

e.中高层住宅（长沙）

一梯两户，配一部电梯，居住环境安静、舒适方便，为档次较高、很受欢迎的住宅类型。

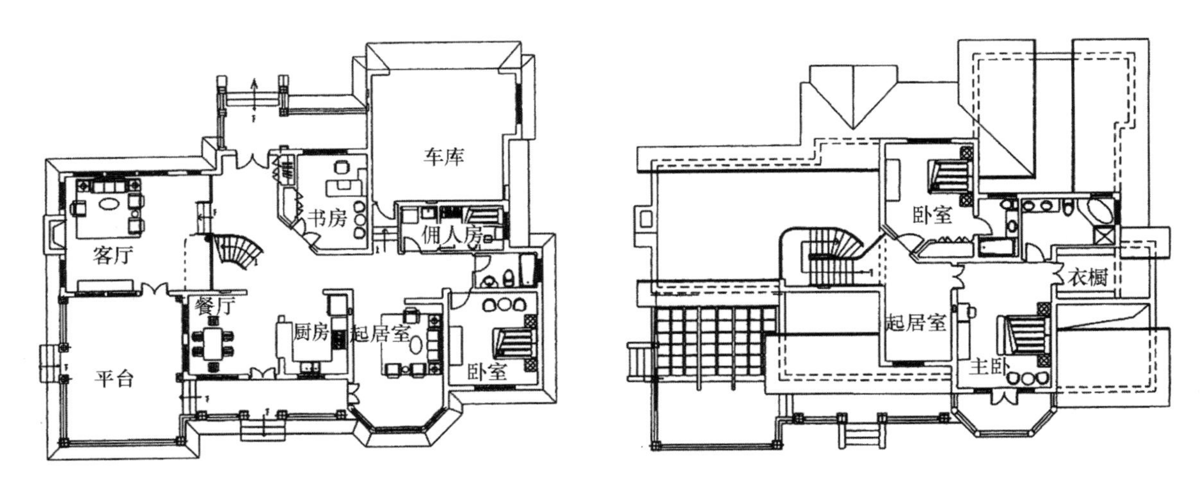

f.独院式住宅（杭州）

居住舒适、环境优美的高档住宅，但容积率低，造价高，不易普遍推广。

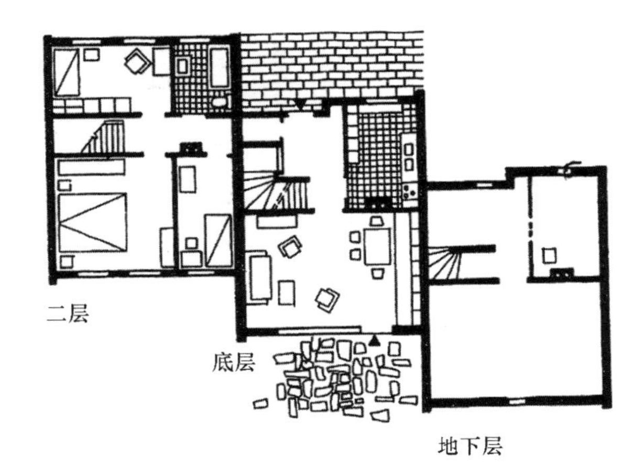

g.联排式住宅（德国）

每户占2~3层，有私家院落，通风良好，居住舒适。且可左右拼接、前后错动，适合不规则地块，体型活泼，用地比别墅节省。

图1.7(二) 常用住宅类型

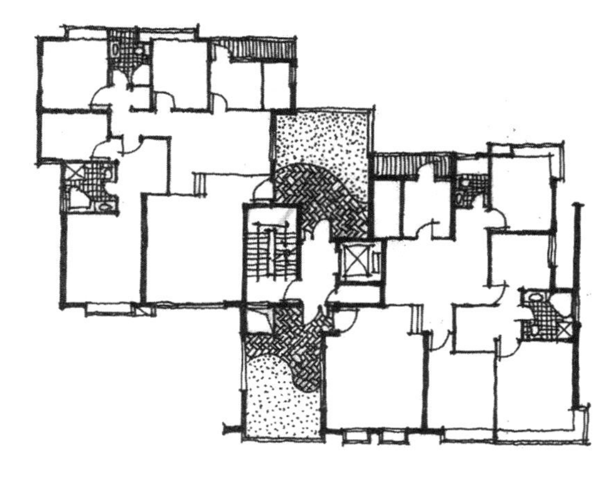

a. 花园入户

通过私家花园入户，使各层、各户都享有均好的绿化环境。

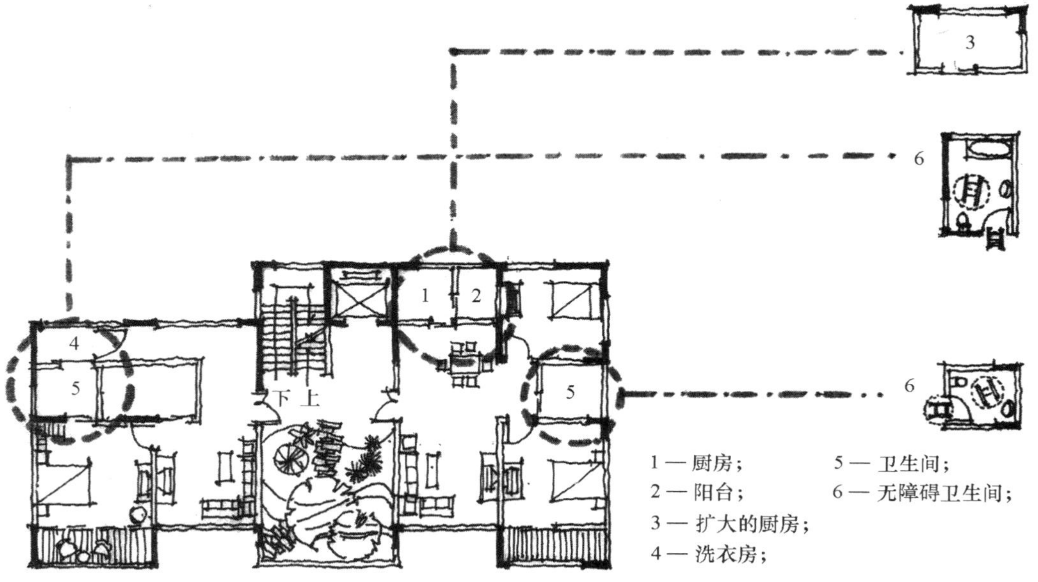

b. 老年人住宅

部分房间可改造成可供轮椅进出的无障碍卫生间，同时增加公共交往空间，以适应老年人居住。

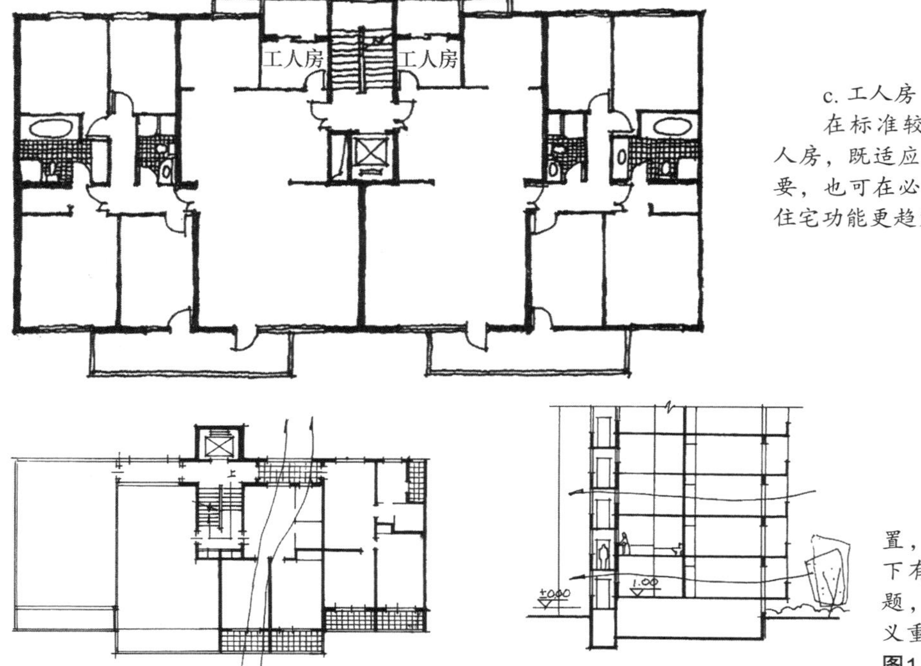

c. 工人房

在标准较高的大套型住宅中安排工人房，既适应工人（或保姆）生活起居需要，也可在必要时改作其他辅助用房，使住宅功能更趋完善。

d. 改善小户型的环境条件

内、外廊入户结合错层布置，可在避免视线干扰的前提下有效解决中间住户的通风问题，对于提高居住环境质量意义重大。

图1.8　住宅设计的新趋势

条件。在一梯多户的板式住宅中，中间住户的通风向来是一个难题。通过错层解决中间小户型的穿堂风问题而又不构成户间干扰，其实用意义重大（图1.8d）。

五、户数与居住人口的初步计算

根据任务书给出的居住用地总面积、容积率、户型面积比和户均建筑面积标准，可以大体上计算出各种户型户数和居住总人口，作为小区规划的基础。

【例1.1】 居住用地20hm²（20万m²），容积率为1.2~1.4，住宅总面积中三室户（户均120m²）占30%，二室户（户均90m²）占60%，一室户（户均60m²）占10%。求各类户数及居住总人口。

计算方法如下：

（1）户数计算：

住宅总面积

=20万m²×1.2=24万m²

其中

三室户数

$$=\frac{24万m^2\times 30\%}{120m^2/户}$$

=600户

二室户数

$$=\frac{24万m^2\times 60\%}{90m^2/户}$$

=1600户

一室户数

$$=\frac{24万m^2\times 10\%}{60m^2/户}$$

=400户

总户数

=600户+1600户+400户

=2600户

（2）居住总人口按户均3.5人计算：

3.5人/户×2600户=9100人

由此，可以推算出其他相关数据。例如，假定要求每户拥有汽车0.8辆，则停车总泊位应为0.8个/户×2600户=2080个。其中地上停车位按户数的10%计（即260个），其余为地下停车位。

第四节 公共建筑的规模与配置

作为小区总平面规划的准备工作，除住宅的选型外，就是要确定公共建筑的规模与项目配置。

一、公共建筑的分类与设置

公共建筑按其功能性质可分为教育、医疗卫生、商业服务、文化娱乐、体育健身、金融邮电、行政管理以及市政公用等（表1.2）。

居住小区中的公共建筑，主要是上述各系统中为居民日常生活所必需和经常使用的项目。例如，小学、托幼、综合商店、菜场、卫生站、居委会、老年活动室、少年活动室和洗衣、美容、彩扩等服务设施，以及变配电、垃圾站、公厕等市政类公共设施。

公共建筑的内容与项目设置并非固定不变的。随着时间、地点、消费水平的变化以及周边地区公共建筑设置的现状和可共用的程度不同，调整的余地很大。例如，改革开放以后，城市新建小区中凡具有一定档次的（统一规划、功能较完备，而非见缝插针零星建设的）多设有多功能的会所（内设娱乐、健身、美容、餐饮等）、超市、诊所、银行邮电、地下车库、物业管理甚至家政服务等设施。小型商业服务设施因经营私有化，常随经营状况调整而变化，有些传统项目（如专业粮店）在大城市已不多见。由于教育水平参差不齐和择校入学现象的普遍存在，导致小学和托幼的服务范围再也不局限于所在小区，而唯独老人的休息场所因社会的老龄化而完全保留下来，而且无论是一般小区还是所谓的“高尚社区”一概不可缺少。因此，具体项目的取舍，需根据甲方意见和市场调查而定。同时，还需考虑周边地区公共服务设施现状、建设期间的发展变化及其可能共享的程度具体确定。

二、公共建筑规模的确定

在传统的小区规划中，公共建筑规模一般按千人指标确定。在新建小区中，如果无明确规定或周围无现状依托条件，仍可以千人指标作为参考。至于其中各项功能的增减、组合，可在调查研究与协商的基础上在设计中确定。

表1.2 公共服务设施控制指标 单位：m²/千人

指标 \ 居住区级别		居住小区		居住组团	
		建筑面积	用地面积	建筑面积	用地面积
总指标		1166～2522	1242～3674	363～854	502～1070
其中	教育	600～1200	1000～2400	160～400	300～500
	医疗卫生	—	—	6～20	12～40
	文体	20～30	40～60	18～24	40～60
	商业服务	450～570	100～600	150～370	100～400
	金融邮电	16～22	22～34	—	—
	市政公用	40～420	50～480	9～10	20～30
	行政管理	40～80	30～100	20～30	30～40

注 1.小区级指标中包括组团级指标。

2.本表引自《建筑设计资料集》第3集。

表1.2中的指标为统计数据，变化幅度很大。以市政公用类指标为例，有无锅炉房对建筑面积的需求相差悬殊。在工程设计中只能以实际情况为依据决定，但千人指标仍可以作为小区公共建筑规模总体控制使用。

在课程设计中，以学习设计方法为主，公共建筑配置可抓住影响全局的主要项目（如小学校、托幼、会所等项目）的布局，其余设施项目不要过分细分。为留有发展余地，建筑面积的总指标可适当偏上选用（表1.3）。

【例1.2】 以例1.1为例进行公共建筑规模初步计算。

（1）公共建筑规模计算。居住总人口为9100人，千人指标（按中间偏上选取）为2200m²/千人，则

公共建筑总面积

=2200m²/千人×9.1千人

≈2万m²

（2）公共建筑面积指标分配如下：

12班小学：4500m²。

4班幼儿园：1500m²。

会所（估算）：3500m²。

商业及公共服务设施：10500m²，参照千人指标中居住小区与居住组团的大致比例，该项面积可分出30%左右用于居住组团的公共建筑（如卫生站、文化室、小超市、居委会等），其余70%左右为居住小区级公共建筑面积。

（3）小区总建筑面积指标初步复核：

（地上）总建筑面积＝住宅面积24万m²+公共建筑面积2万m²=26万m²。

容积率=26万m²÷20万m²=1.3

符合任务书中对容积率（1.2~1.4）的要求。

需要强调的是，以上初步计算只是为规划设计所做的前期准备，最终经济指标应以设计实际结果为准。同时需注意，地下建筑面积不参与容积率计算。

在因市场变化而经营方式也会相应变化的情况下，除某些特定的、功能不宜改变的公共建筑（如小学、托幼和技术性的市政设施）外，其他对建筑无特殊严格要求的服务设施在设计上应尽可能考虑其变更经营的可能性，亦即通用性，采用简单规整的结构体系适当合并设置，这有利于公共设施的可持续利用。需要指出的是，小区公共建筑很少有定型设计可以直接套用，需要在总平面方案基本确定后，根据项目规模、功能和所处位置的具体环境进行单体方案设计，这一点与住宅户型可以直接选用有很大不同。因此，在准备阶段可以用简单的体块代表其体量和位置。随着规划方案的深入，再将其平面与体型具体化（图1.9）。

在住宅单元和主导户型选定、公共建筑设施规模和项目基本确定，总平面规划的主要"素材"准备工作已经基本完成后，就可以开始课题的主要工作——总平面规划。

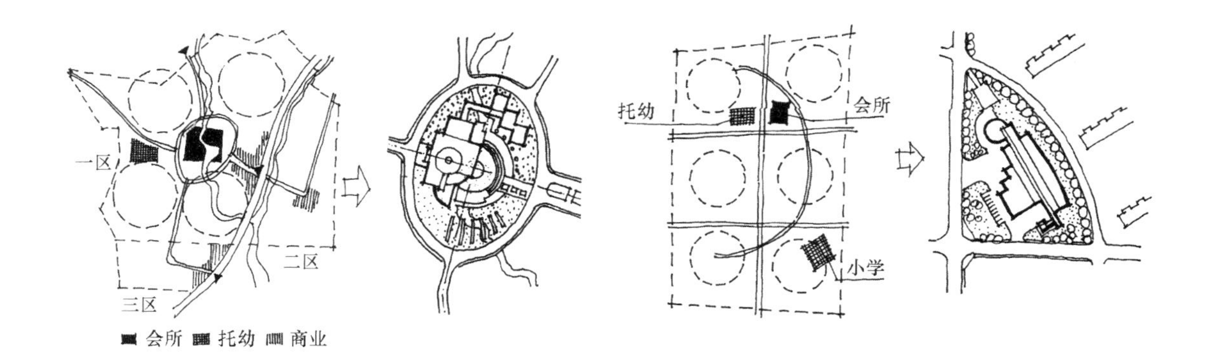

图1.9 公共建筑位置与体型的细化

在规划方案构思的初期，公共建筑只能以简单的体块表示其位置和大致范围；随着方案的深入，边界条件逐渐清晰，公共建筑的体型才能具体细化，并明确与周边环境的对应关系。

表1.3　　公共服务设施项目

分类	项目	居住小区	居住组团	主要要求	建筑面积（m^2）	用地面积（m^2）	备注
教育	托儿所	▲	△	(1)托儿所每班按25座计，幼儿园按30座计。 (2)服务半径小于300m，层数小于3层。 (3)托儿所、幼儿园可以合并设置，8班以上独立设置，其用地按每座7～9m^2计	7～9/人	4班，≥1200； 6班，≥1400； 8班，≥1600	3班以下托儿所、幼儿园可附设于其他建筑内，应有独立院落和出入口
	幼儿园	▲	—		9～12/人	4班，≥1500； 6班，≥2000； 8班，≥2400	
	小学	▲	—	(1)学生不穿越城市干道。 (2)环形跑道200m，直道60m		12班，≥6000； 18班，≥7000	符号规范（GBJ 99—86）
	中学	▲	—	应有400m跑道		18班，≥10000； 24班，≥12000	
医疗卫生	卫生站	—	▲	可附设于居委会内	30	—	
	门诊所	△	—	(1)独立设置，交通便捷，位置适中。 (2)独立地段小区设置，一般小区不设	2000～3000	3000～5000	
文体	文化站	▲	△	(1)结合或靠近同级绿地设置。 (2)设健身场地和设施。 (3)文化中心可附设小型购物、餐饮	150～300		
	文化中心	—	—		4000～6000	8000～12000	多以会所项目出现
商业服务	粮油店	▲	△	(1)服务距离：小区不大于300m，基层网点不大于150m。 (2)山城坡地尚需考虑“上坡空手，下坡负重”原则	200～300		多以超市形式联合设置，综合经营
	菜店	▲	△		150～500		
	综合副食店	▲	△		120～150		
	小百货店	▲	—		2000～3000		
	服装加工	△	—		200～300		
	日杂商店	△	—		200～300		
	早点小吃店	▲			150～300		可能经营早点、风味餐厅、快餐连锁、咖啡、酒吧等
	小饭铺	▲	—		500～600		
	乳品店	△	—		400～600		
	中西药店	—	—		200～500		
	理发店	▲	—	宜与旅店合设	250～300		较大独立居住组团可设
	洗染店	—	—		100～150		
	自行车修理	△	—		100～150		
	综合修理	△	—		300～500		
	综合基层店	—	▲		50～60		
	煤气站	▲	—	服务距离：小区不大于500m，基层网点不大于150m	150～200	450～600	有管道煤气的不设
	农贸市场	△	—	宜临近菜市场和副食店设置	1000～1200	1500～2000	

续表

<table>
<tr><th>分类</th><th>项目</th><th>居住小区</th><th>居住组团</th><th>主要要求</th><th>建筑面积（m²）</th><th>用地面积（m²）</th><th>备　注</th></tr>
<tr><td rowspan="2">金融邮电</td><td>储蓄所</td><td>▲</td><td>—</td><td>宜与商业服务中心结合或邻近设置</td><td>500～1000</td><td>800～1500</td><td></td></tr>
<tr><td>邮政所</td><td>▲</td><td>—</td><td></td><td>100～150</td><td></td><td></td></tr>
<tr><td rowspan="9">市政公用</td><td>锅炉房</td><td>△</td><td>△</td><td>非采暖区不设</td><td colspan="3">根据供暖规模用专业确定</td></tr>
<tr><td>变电室</td><td>▲</td><td>△</td><td>负荷半径不大于250m，尽管设于其他建筑内，可兼设路灯配电室</td><td>30～50</td><td></td><td></td></tr>
<tr><td>煤气调压站</td><td>△</td><td>—</td><td>负荷半径500m</td><td>50</td><td>100～120</td><td></td></tr>
<tr><td>高压水泵房</td><td>—</td><td>△</td><td>低水压供水附属工程</td><td>40～60</td><td></td><td></td></tr>
<tr><td>公共厕所</td><td>▲</td><td>△</td><td>1000～1500户设一处，适当隐蔽，对外清运方便</td><td>30～60</td><td>60～100</td><td></td></tr>
<tr><td>垃圾站</td><td>—</td><td>▲</td><td>适当隐蔽，对外清运方便</td><td></td><td></td><td></td></tr>
<tr><td>停车场、库</td><td>▲</td><td>△</td><td>车库25～30m²/辆，地上每个泊位2.5m²×5m²</td><td colspan="3">规模及地上下比例按规划要求</td></tr>
<tr><td>存车处</td><td>—</td><td>▲</td><td>设于居住组团入口或半地下，1～2辆/户</td><td colspan="3">地上0.8～1.2m²/辆；地下1.5～1.8m²/辆</td></tr>
<tr><td>居委会</td><td>—</td><td>▲</td><td>300～800户设一处</td><td>30～50</td><td></td><td></td></tr>
<tr><td rowspan="2">行政管理</td><td>人防工程</td><td>△</td><td>△</td><td>高层建筑下设满堂人防，按地面建筑面积2%配建</td><td></td><td></td><td></td></tr>
<tr><td>房管、绿化、工商、综合管理</td><td>△</td><td>—</td><td></td><td>600～800</td><td>700～900</td><td>以物业管理为主，小区统一安排</td></tr>
</table>

注　1. ▲为应配建，△为宜设置。

2. 本表所列仅限居住小区和居住组团级公共设施，居住区级未列入。

3. 本表参照《建筑设计资料集》第2版，仅供参考。

第二章　小区总平面规划

居住小区（简称为小区）总平面是小区规划设计的综合体现。小区规划从总平面开始，最后成果又要在总平面上体现。总平面的内容包括建筑、道路、绿化景观和市政工程等子系统，而其中最核心、最起支配作用的是建筑系统。当然，其他系统也很重要，“各司其职”，缺一不可。在有些情况下，例如在山区，交通系统可能起到决定性作用；在旅游风景区，景观形象必须优先考虑。但所有这些都是为建筑系统服务的，它们必须围绕建筑布局进行规划，并在相互配合、修正和整合中完成一个有机的总体规划布局。

本章所讨论的总平面规划主要指的就是建筑系统的规划。

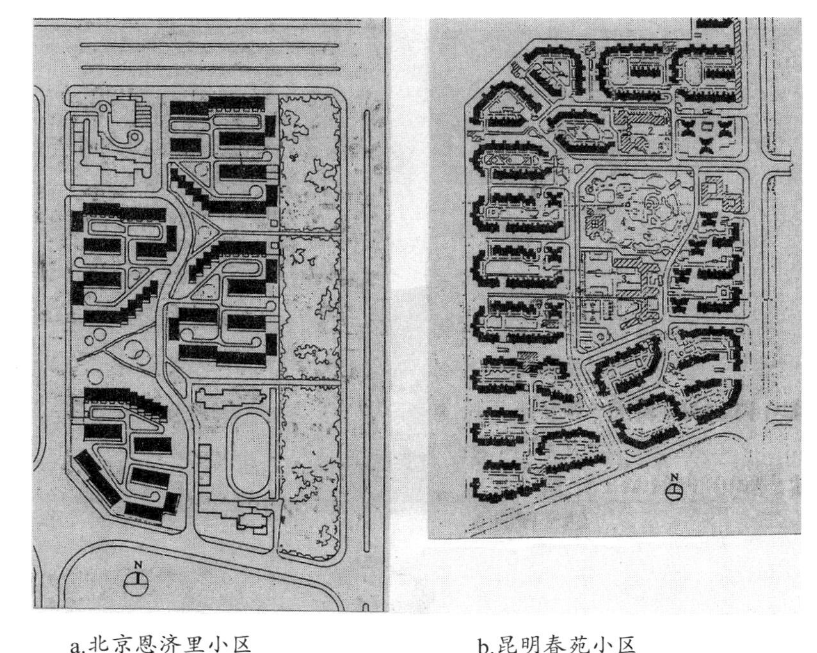

a.北京恩济里小区（三级结构：小区—组团—院落）

b.昆明春苑小区（两级结构：小区—院落）

图2.1　小区空间的基本结构

第一节　小区的范围与规模

小区是构成城市居住区的基本单位。多数小区下面又分为居住组团。小区通常是指由城市道路或城市道路和自然界线（如河流、沟谷、林带等）划分的具有一定规模、并不为城市交通干道穿越的完整社区，并且区内设有一整套满足日常生活需要的基层公共服务设施和机构，以保证居民生活方便、环境安静和居住安全。

因此，小区规模的确定通常是以一个小学的最小规模所对应的人口为其居住人口规模的下限，而以小区公共服务设施的最大服务半径所能覆盖的面积为其用地的上限。根据我国各地调查资料，小区人口规模为7000~15000人，用地为17~35hm²，上下差别很大。

而居住组团（简称为组团）是更下一级的规划单位，相当于一个居委会管辖的规模，一般为300~800户，1000~3000人。组团内设有托儿所、老人活动室、小基层商店、居委会办公室等一套日常生活最基层的服务设施。组团的用地范围根据小区规划和建筑层数等因素具体确定。

小区下分设组团便于分期施工和小区建成以后的日常管理；从规划的角度说，也有益于形成尺度适宜的公共空间环境，便于邻里交往，以及形成社区的凝聚力和归属感。

根据小区的规模、环境不同，划分的组团数可能由2~3个到5~6个不等。当然，在某些特定的情况下，也有不设明确组团而直接面对若干个更小的空间组合——院落的。这完全要视具体用地环境而定（图2.1）。

第二节　小区总平面规划的基本要求

小区总平面绝不仅仅是一张看上去很美的“画”，而是要实实在在的满足一些基本要求。

一、使用功能要求

小区的基本功能是提供一个良好的居住环境。这个环境既包括室内环境，也包括室外环境。因此，小区总平面规划的使用功能要求如下：

（1）首要条件就是根据所处地区环境、居住人群结构、经济条件提供合适的户型和户室比。

（2）要对住宅进行合理组合，营造良好的室外空间供人们休息、交往活动。

（3）必须根据居住人群的需要和周边现有条件恰当地确定公共建筑和服务设施项目规模，并进行合理分级、分布和配置，为居民提供最便捷的服务。

二、卫生健康要求

小区总平面规划的卫生健康要求如下：

（1）要为居民创造一个符合卫生标准、有益健康的物质环境。住宅的布置要争取有利的朝向，符合规定的日照间距（表2.1）；具有良好的通风条件；减少或避免污染和噪声干扰；提供符合标准的绿化环境和健身场地。

（2）要关注居民的心理和精神健康。避免视线干扰，保证居民生活的私密性；建筑群体的色彩应清新典雅，切忌浮躁的色彩污染；植物配置既要考虑夏季遮阴与冬季日照，又要考虑四时色彩的变化，以营造一个赏心悦目的居住环境，体现对人的全面关怀。

三、安全防护要求

小区总平面规划的安全防护要求如下：

（1）建筑间距要符合防火间距要求。住宅前后间距因有日照间距限制，一般均可满足防火要求。对于住宅侧面间距，多层住宅之间不宜小于6m，即使无门窗的山墙间也不能小于3.5m。高层住宅与各种层数建筑之间均不宜小于13m。街坊内通向外部的人行通道间距不能大于80m。当沿街建筑长度超过150m或总长度超过220m时，应留出不小于4m×4m的消防通道（图2.3）。

（2）要符合抗震要求。我国是一个多地震国家，除小区选址和规划要避开地质断层、易崩塌陷落和滑坡、泥石流多发带

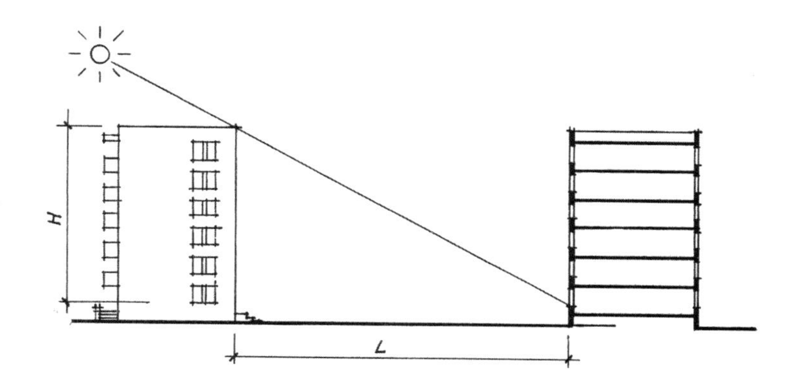

图2.2 住宅的日照间距

L — 日照间距；H—南向住宅计算高度

日照间距系数＝L／H。

当住宅朝向有偏转时，日照间距可按表2.2进行折减。

表2.1　主要城市日照间距系数

城市名称	纬　度	现行标准规定的日照间距系数
哈尔滨	45°45′	1.5~1.8
长春	43°54′	1.7~1.8
沈阳	41°46′	1.7
北京	39°57′	1.6~1.7
天津	39°06′	1.2~1.5
石家庄	38°04′	1.5
太原	37°55′	1.5~1.7
济南	36°41′	1.3~1.5
西安	34°18′	1.0~1.2
上海	31°12′	0.9~1.1
重庆	29°34′	0.8~1.1
广州	23°08′	0.5~0.7

注　本表按正南向6层条形住宅（楼高18.18m，首层窗台至室外地面1.35m）计算（图2.2）。

表2.2　不同方位日照间距折减换算

方位	0°~15°（含）	15°~30°（含）	30°~45°（含）	45°~60°（含）	>60°
折减值	1.00L	0.90L	0.80L	0.90L	0.95L

注　1. 表中方位为正南向（0°）偏东、偏西的方位角。
2. L为当地正南向住宅的标准日照间距，m。
3. 本表指标仅适用于无其他日照遮挡的平行布置条形住宅之间。

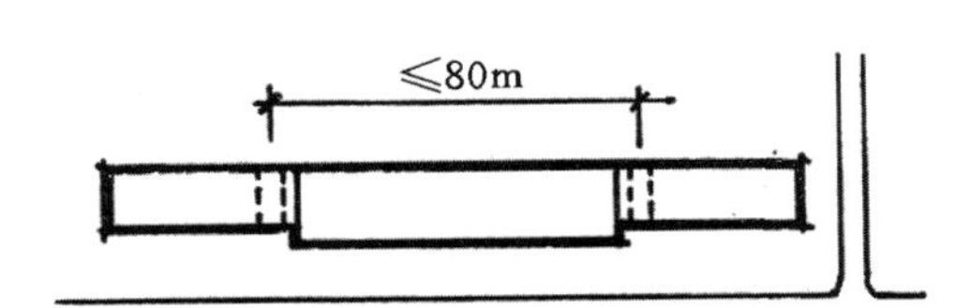

沿街建筑人行通道（可利用前后穿通的楼梯间）间距不超过80m。

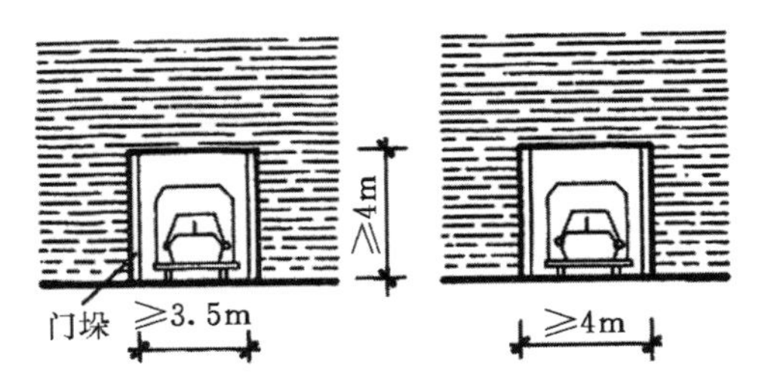

沿街建筑长度超过150m或总长度超过220m时应设4m×4m（门垛间净宽不小于3.5m）的消防通道。

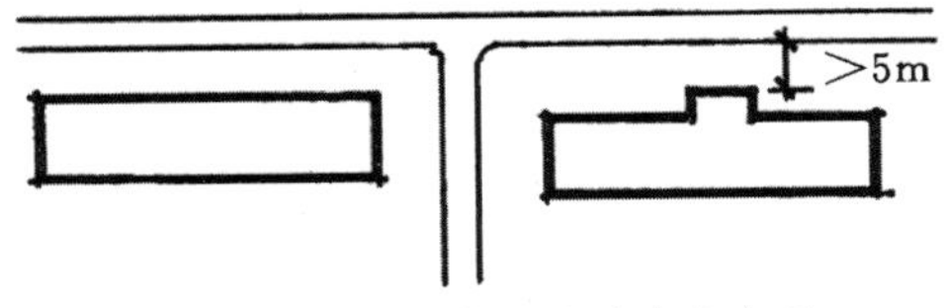

高层建筑外墙距消防通道边宜大于5m。

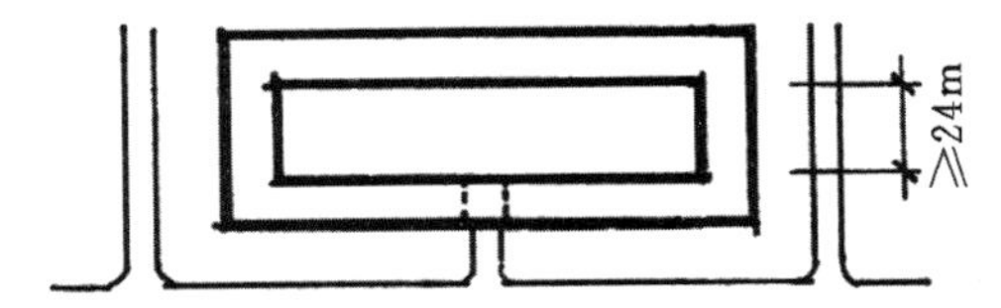

封闭内院短边长度超过24m时宜设进入内院的消防通道。

图2.3　总平面布置的消防通道

外，房屋设计的外形和结构本身也要采取有利于抗震的措施。

（3）要符合人防要求，配备必要的设施和可用于疏散的室外场地。当设地下人防设施时，其出口要与主体保持必要的距离，避免被倒塌的房屋将出口掩埋。

（4）在路网与儿童活动场地规划上，要尽量减少车辆出入对组团内部的干扰，保障儿童安全。

四、投资与建设要求

小区的规划设计中，住宅标准定位和公共建筑配置水平都必须符合投资能力以及当地人群的消费水平和习惯，否则会造成住房滞销和公共建筑的空置，对后续开发和社区环境优化造成损失。此外，为适应房地产滚动开发和加快资金回笼，小区规划应有利于分期实施，并能同时保证先期开发部分相对的完整性。一些有见地的开发商充分理解购房者对社区环境与教育条件的关注，采取先做绿化环境和小学、托幼、会所建设再建住宅而形成完整组团的办法，强化了消费者的购房决心。这些做法都需要设计者在规划中有所考虑并创造必要的条件。

五、景观与环境要求

景观与环境设计是小区规划设计的一个重要方面。如果说上述使用功能、卫生健康、安全防护、投资与建设等方面倚重理性思维的技术性成分偏多，那么景观与环境设计则更侧重形象思维，反映创意与文化的成分居多。一个好的规划设计不仅要有好的建筑设计，还应当合理利用地形，具有良好的群体空间组合，安排好绿化和水体，保护和改善生态环境，尊重和融入地域文化，以及具有符合居住环境性格特征的形象和色彩，等等。在现实设计市场中，具有相同或相近技术经济指标的方案，其景观与环境设计的优劣往往成为能否在竞争中胜出的关键（图2.4）。

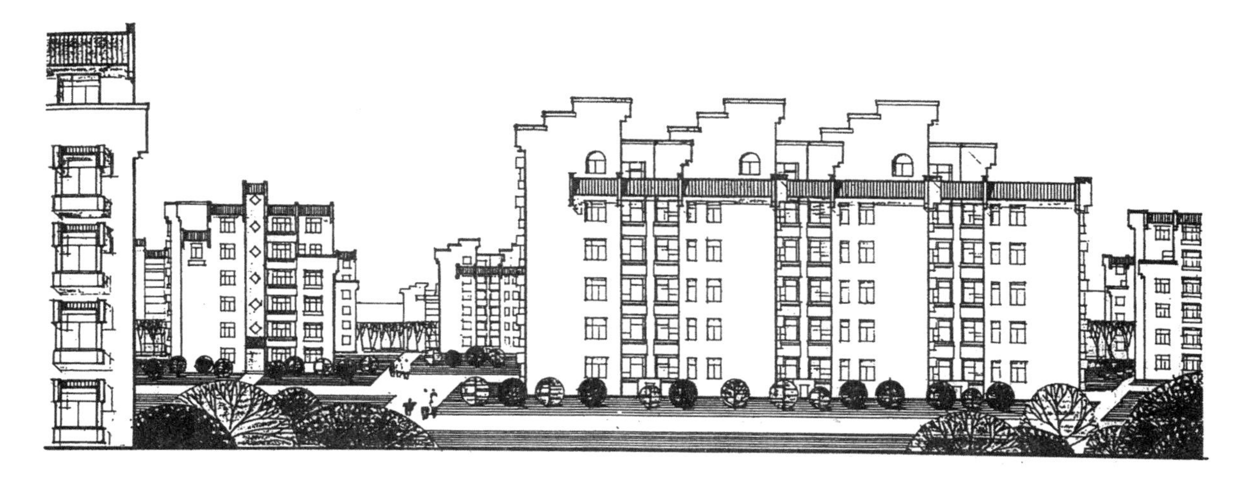

图2.4　小区街景

这是一个住宅设计获奖方案。建筑利用减层退台和檐口、山墙处理，获得了朴实、亲切的形象特征，为小区景观增色不少。

第三节　总平面规划设计

在前面的章节中，我们选定了主要住宅户型和公共建筑项目，明确了小区规划的基本要求。有了这些案头的准备工作，就可以从现场调研开始，进入总平面规划的具体操作了。

一、环境分析与现场调研

用地环境分析是做好规划设计的第一步。规划设计不同于纯艺术创作，现实制约条件很多。在激烈的设计竞争中，规划方案能否成功胜出，关键在于掌握资料是否充分，分析是否透彻，能否抓住主要矛盾。例如，在拥挤的城市中，如何既提高容积率又获得较高的绿化率而创造一个幽静的居住环境是主要的矛盾；在风景游览区，如何既形成优美的风貌又与周边环境相协调而不喧宾夺主成为主要因素；而在旧城改造的环境中，如何将可改造利用的道路、厂房等巧妙地加以改造、充实和利用，使其融入新的规划中，既节约投资又保留了传统文脉，可能成为创意的亮点。而所有这些，都有赖于对相关资料的深入研究和解读。

做好环境分析，首先，要认真阅读任务书和地形图以及甲方所能提供的其他相关资料。对于一些基本规划要点和数据要弄清楚甚至熟记于心。例如，区域位置、周边环境、用地面积、主要出入口方向、退红线距离、建筑限高、容积率、绿化率；住宅档次标准、户室比、公共建筑项目配置要求；自然环境特点、主要风向、对外交通条件、风格要求；等等。

其次，必须进行现场调研。许多影响设计的“活资料”并非地形图和任务书所能完全反映。即使有详尽的资料，也需现场核对。现场踏勘、记录和感受如同艺术家的采风之于创作，是必须亲历亲为的。

现场踏勘调研应注意以下几个方面：

（1）自然环境：现场地形地貌、坡度、朝向，有无不适合建筑的用地（冲沟、断层、滑坡）、污染源、噪声源等。

（2）城建环境：周边建筑性质、高度以及对本小区规划的影响等。

（3）市政条件：核对周边城市道路及公交设施、小区主要出入口位置；核对给排水、排洪、供热、燃气、供电、通信条件及接口方向、位置。

（4）服务设施：周边有无可利用的公共服务设施，如商场、学校、托幼及医疗机构等。

（5）景观环境：用地内有无值得保留的古树、泉水、岩体和历史遗存，用地周边的主要景观方向、建筑风格以及可资借鉴的地方传统文化、习俗、历史掌故等。

二、组团划分与公共建筑布置

（一）规划布局

规划布局要在吃透规划要求和用地环境的基础上进行。例如，确定主要景观朝向，建筑群体空间上由高到低的走势，小区中心的位置，以及大体的功能分区（如高层公寓区、多层住宅区、低层别墅区、商业服务区、绿化休闲区和主要景观轴等）。规划布局是粗略的，然而却是“战略”性的，常常需要做许多分析性的草图进行比较后做出决策。

（二）组团划分

组团划分通常的做法是在根据规划布局的大体构思并明确可供建设用地的基础上着手进行。首先，在小区地形图上将退红线和不宜建筑用地部分扣除，按周边道路情况和规划要求确定出入口位置，并在主次出入口之间勾画出小区主要道路的骨架和小区中心（在地形复杂的情况下，要充分注意道路坡度的要求，尽量沿等高线布置）。其次，以道路为线索围绕小区中心或沿主要道路相对均衡地划分若干个组团（这里所说的"均衡"既指用地范围，也指户数即人口规模）。组团之间可以道路、水体、绿化或公共建筑分隔界定（图2.5）。

组团范围的大小、形状归根结底需依具体条件而定。在平原地区的小区用地较为规整而楼型又大体一致的情况下，各组团用地规模相近，建筑布置方式上也可呈现出较强的韵律感。而在用地形状不规则、地形复杂或楼型种类较多的情况下，各组团的大小、形状和楼型各不相同，需要从小区整体上去考虑密度与视觉的均衡。这时，组团各具特点，而总体上可能表现得更为丰富（图2.6）。

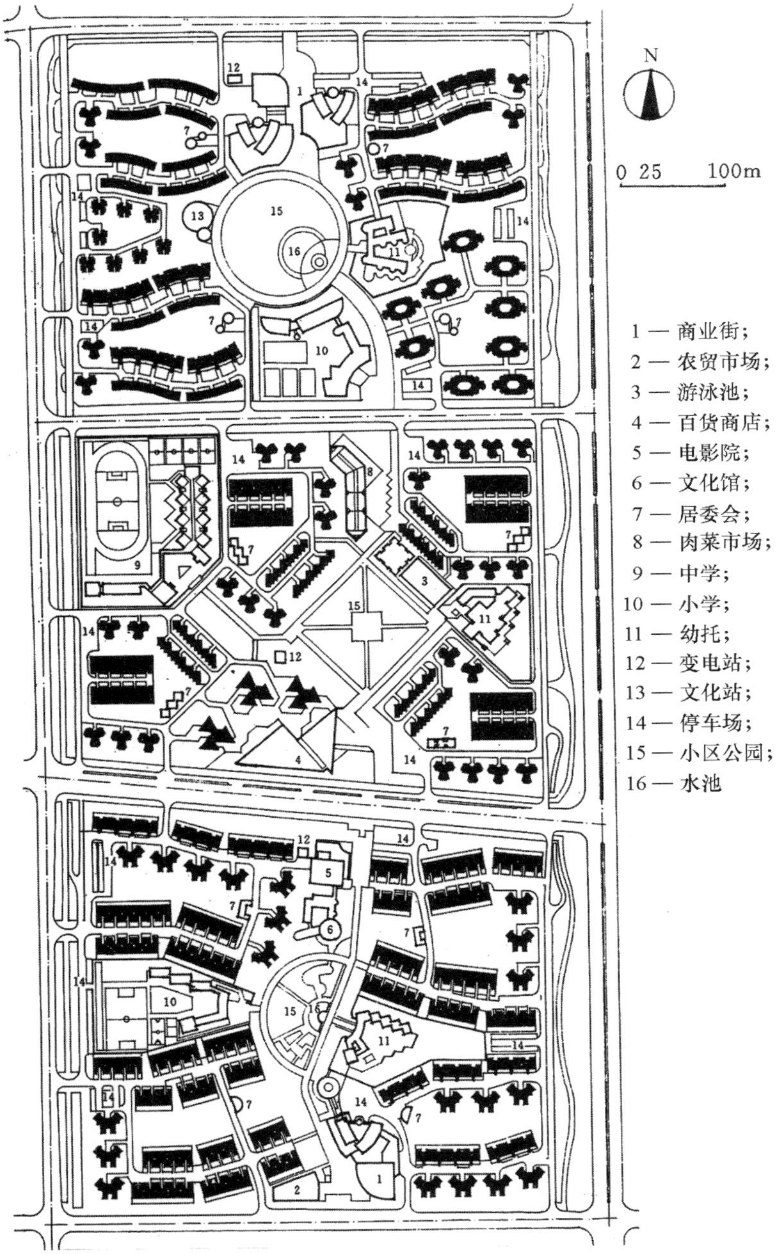

（三）公共建筑的布置

公共建筑既是保证居民日常生活方便，又是形成小区景观的重要因素。公共建筑服务设施的配置水平和建筑形象成为小区档次和风貌的标志。

小区及公共服务设施的布置可有两种方式。一种方式是将公共服务设施布置在小区居中位置，与小区绿地、水体共同构成小区居民购物、休闲和交往的中心，其优点是服务半径基本覆盖全小区，对各组团服务方便；同时，使小区中心成为最聚人气的地方，各组团围绕中心布置，凝聚力和归属感强。另一种方式是将公共服务设施布置在小区出入口附近，便于居民上下班和外出时顺路购物，并可兼顾对外营业，甚至形成小商业街。当小区用地狭长而小区入口位于用地长边中间时，以上两种布置方式可以结合起来，兼具两者的优点（图2.7）。

小学校是小区中特殊的公共建筑，占地大，交通要方便。它应布置在各组团易于到达、靠近城市次干道的位置，既方便小区内儿童上学，又可避免对住宅的干扰。当有区外儿童来就读时，既可避开城市主要干道以保证安全，又可避免外来儿童和家长不必要地深入小区内部造成干扰。托幼机构应布置在环境安静、阳光充足的地段，可结合小区绿地布置，便于家长接送和儿童户外游戏（图2.8）。

组团级公共服务设施，例如居委会、小商店、老人活动室、自行车棚等，可设在组团绿地中，如果能结合组团出入口布置则更便于管理，更方便且更安全（图2.9）。

图2.5 组团划分与界定（深圳莲花居住区）

这是一个完整的新型居住区，分为三个小区，每个小区又以道路、公共建筑和小区公园等为界划分为几个不同形式的组团，在整体和谐统一中呈现出变化丰富的组团空间。

三、住宅的规划布置

（一）住宅的布置方式

住宅的规划布置是在组团划分基础上进一步深化的工作。住宅的基本布置方式分为行列式、周边式、混合式和自由式。

1. 行列式

行列式即住宅按日照间距整齐排列。这种方式可保证住宅获得同样好的日照和大体相同的通风条件，因此是住宅布置的基本方式。但因其过于一致，缺少空间变化而流于单调，常被讥为“兵营式”。在实践中，常通过单元的前后错动、前后排向左右错动和角度变化，在保持其优点的同时使空间形象得以改善（图2.10）。

2. 周边式

周边式布置可以形成相对封闭、空间完整的院落，院内较为宁静、少受外部干扰。但如果东西朝向过多，日照条件差，通风也受影响。特别是由于出现转角单元，为避免黑房间需专门设计而增加了设计工作量。在北方主导风向为冬季西北、夏季东南的情况下，采取周边式布置成L形住宅时，院西北角和东南角较好，西南角和东北角因南向和东向主要房间被自我遮挡而日照条

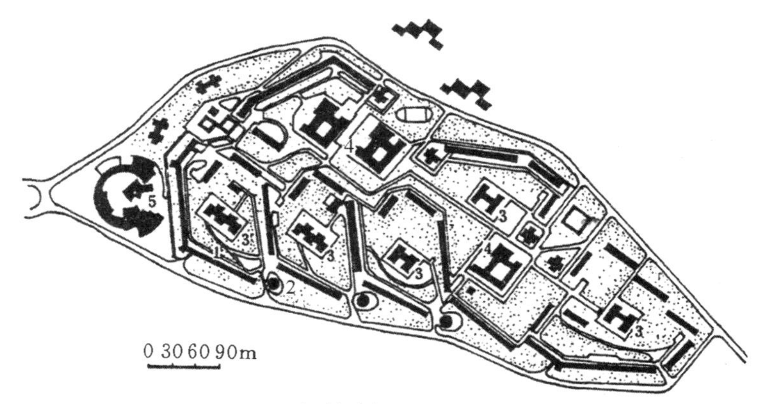

小区规划总平面

1 — 9层住宅；2 — 16层住宅；3 — 托幼；
4 — 中、小学校；5 — 小区中心

图2.6　不规则用地中的灵活布置（俄罗斯新西伯利亚市北—5小区）

该小区三面被谷地包围、用地形状不规则、地形略有起伏。规划用地44万m^2，人口约2万。采用9层板式与16层圆塔、低层托幼组成灵活而有韵律的空间。小区中心位于小区入口处，中小学布置在小区干道两侧。功能完善、空间丰富、构图新颖。

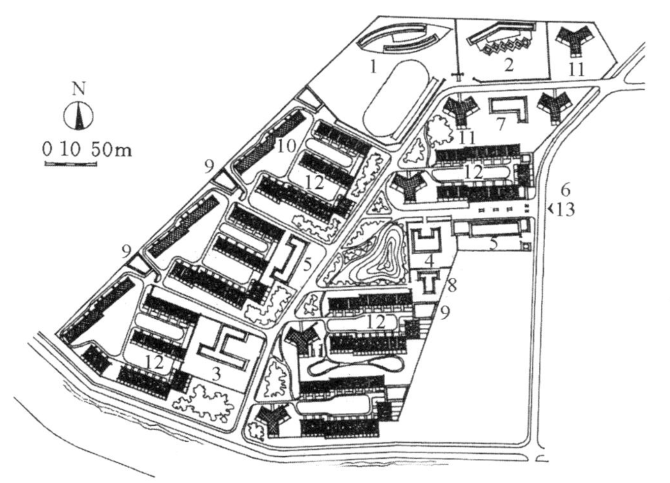

1 — 中学；2 — 小学；3 — 幼儿园；4 — 托儿所；5 — 商店；
6 — 住宅底层商店；7 — 街道办事处；8 — 小区管理处；
9 — 自行车库；10 — 14层住宅；11 — 20层住宅；
12 — 6层住宅；13 — 步行街

a.北京西罗园小区

商店沿小区干道布置，并在小区入口处与住宅底层商店共同构成小商业街，便于居民外出或上下班顺路购物。

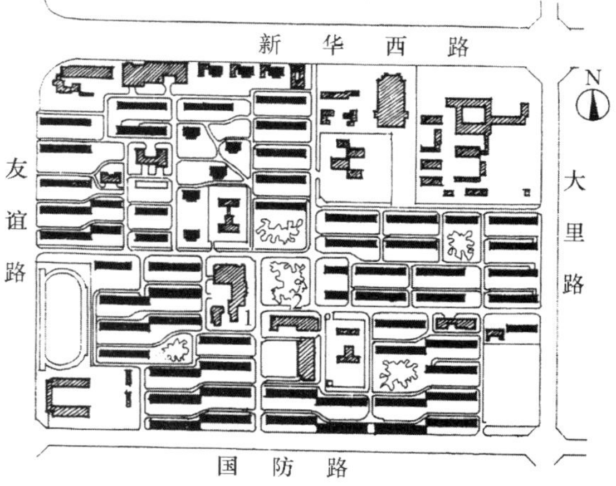

1 — 菜市场、副食店；2 — 百货商场

b.唐山第45号小区

结合小区中心绿地设置菜市场、副食店和百货商场，位置居中，服务半径短，条件优越，但因居民购物不顺路。经营不佳，不得不改做他用。

图2.7　小区公共服务设施位置

件不好（图2.11）。为形成周边式庭院效果，也可以采用端部单元前后错动的办法或东西向住宅作锯齿形窗，来改善日照条件而在一定程度上保持围合效果（图2.12）。

3.混合式

实际规划中常常采用以上两种方式结合而以行列式为主的布置方式，即混合式。混合式既保证了日照通风，又为形成丰富多样的空间创造了条件，因而被广泛采用（图2.13）。

4.自由式

自由式布置往往因用地形状特殊或地形复杂，在保证日照、通风和合理用地的条件下灵活运用。自由式布置实际在规划上也需体现某种韵律和有秩序的构图，完全随意的自由布置在有规划的建设中并不多见（图2.14）。

（二）营造积极空间

在组团规划中，建筑与建筑之间可形成两类空间，即积极空间与消极空间。积极空间是指经常有人活动、人们愿意停留或使用的空间，又称为正空间，例如，人们经常活动、休闲的庭院、组团中心、小商业街等都

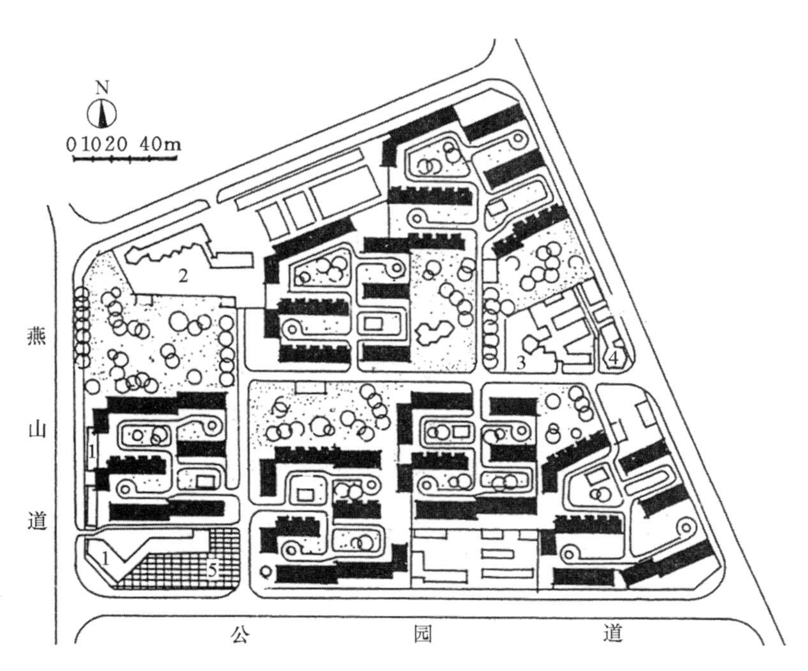

1 — 综合商场；2 — 小学；3 — 托儿所、幼儿园；4 — 辅助小商店；5 — 农贸市场

图2.8 小学与托幼机构的位置（唐山第11号住宅小区）

小学与托幼机构沿小区外围布置，便于家长上下班顺路接送孩子；区外的儿童如跨区入学、入托，也不必深入小区内部，以保护居住环境少受干扰。

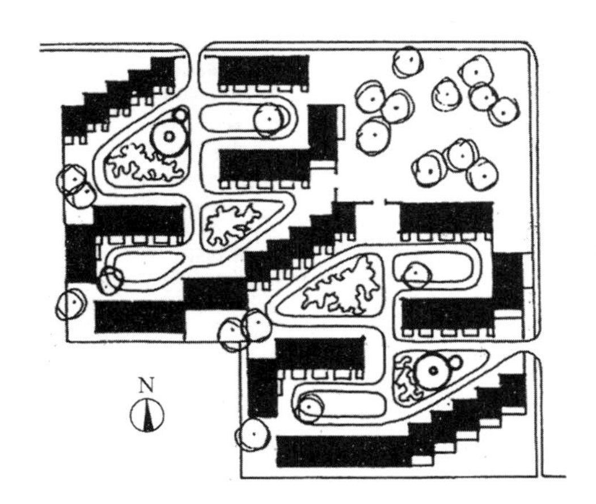

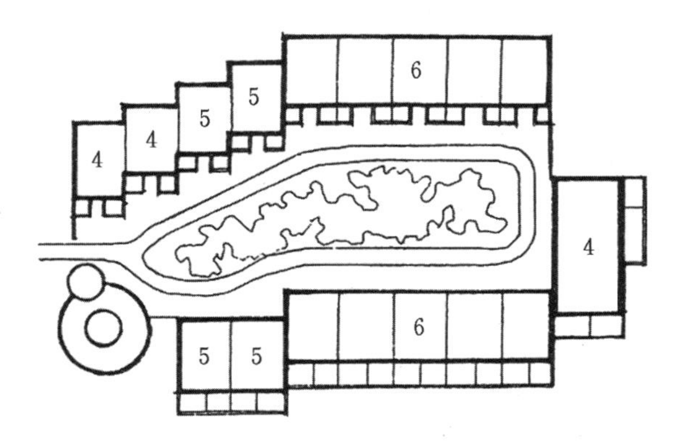

图2.9 组团公共建筑位置（唐山第51号居住区组团）

组团公共建筑如自行车棚、信报箱及治安管理等设施通常设在组团入口处，以便于接待、服务、管理和保安。

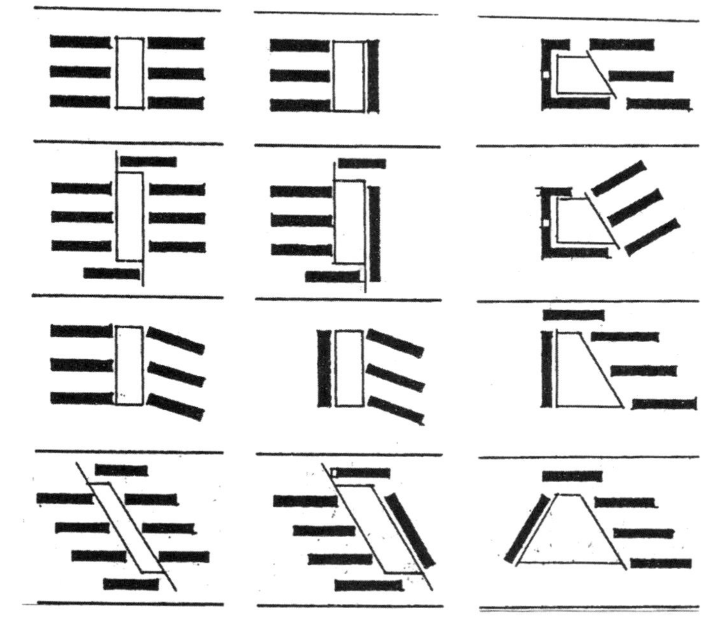

图2.10　以行列式为基础的空间组合

以行列式为基础的住宅空间组合，通过错动、旋转、围合，可形成矩形、三角形、梯形等多种院落空间，对适应用地、争取日照和改善通风都有帮助。

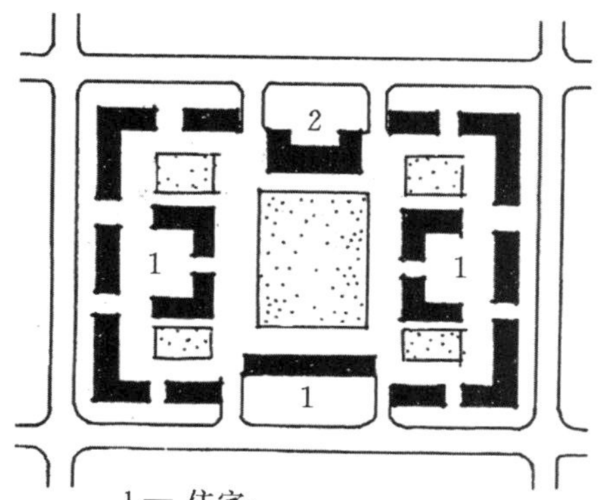

1— 住宅；
2— 幼儿园；

a.前苏联式的周边布置

严整对称，内部空间完整、宁静。但过多的东西朝向和转角黑房间降低了居住环境质量，已很少采用。

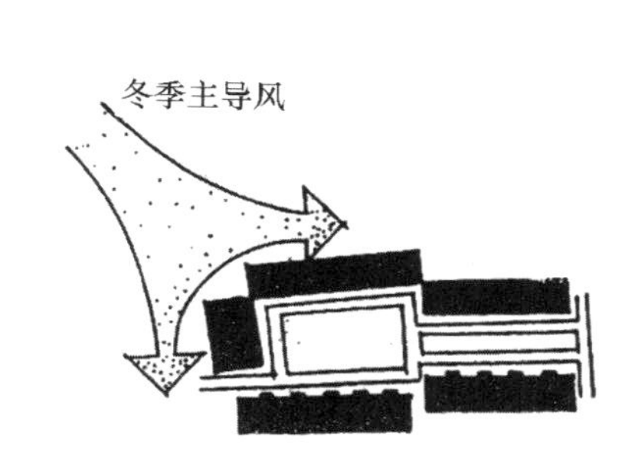

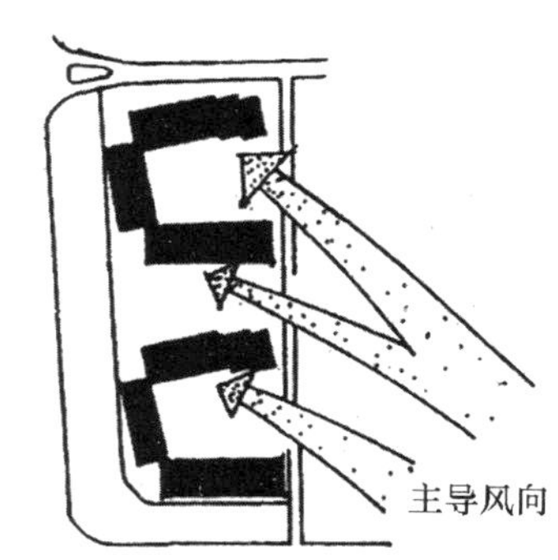

b.半围合的组团空间

有利于争取日照，同时西北角的围合有利于在冬季阻挡西北风的侵入，而在夏季导入东南风。

图2.11　周边式布置的组团空间

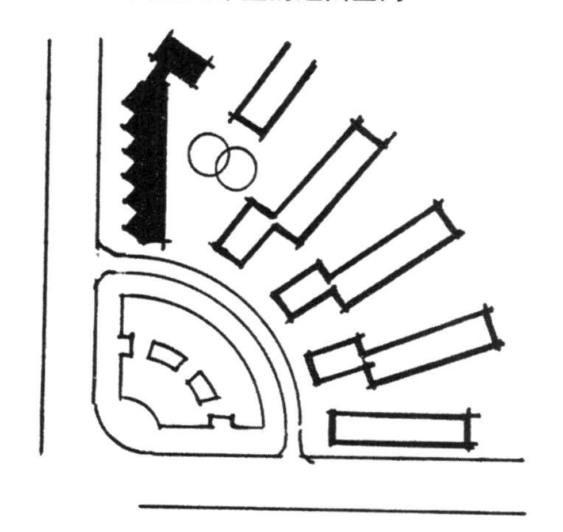

a.用锯齿形外窗调整房间朝向

b.用正南向单元错动布置

图2.12　改善东西向住宅朝向的措施

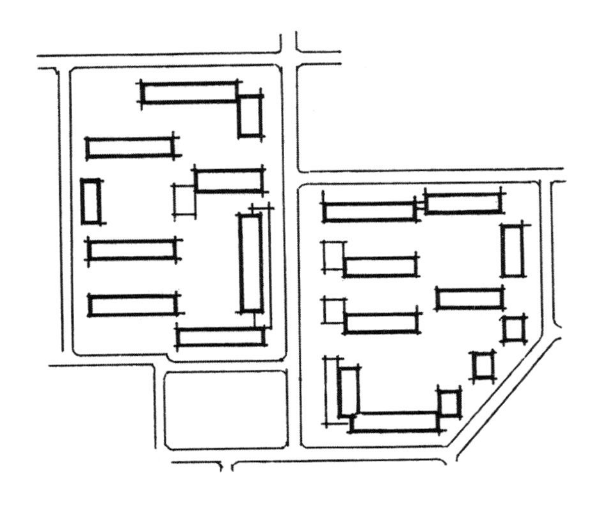

图2.13　混合式组团

将行列式、围合式、散布式等布置方式综合运用，形成空间丰富的混合式组团，实际上是一种最灵活而广泛应用的组合方式。

属于积极空间。积极空间具有休闲、活动功能，并提供邻里交往环境，居民因彼此熟悉而具有安全感。消极空间是指无人使用又无明确归属的空间，又称为负空间，例如在背对背布置的住宅或住宅背面与围墙之间。消极空间无人活动、无人管理、归属不明，往往成为荒芜与杂物的堆场，人们在这里无法停留，缺少安全感。统一为北入口的行列式（“兵营式”）布置，虽然两栋住宅间均有入口小路供人员进出，不称为消极空间，但因朝向一个方向，两排住宅间缺少交往，空间乏味，也不够“积极”，缺少人情味（图2.15）。

在组团规划中要尽量将消极空间转化为积极空间，常用的做法就是将住宅各单元入口全开向庭园，组团道路绕庭园

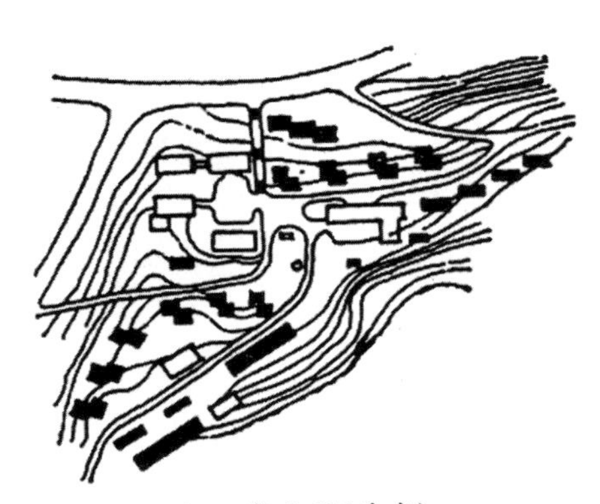

a. 散立形（重庆）

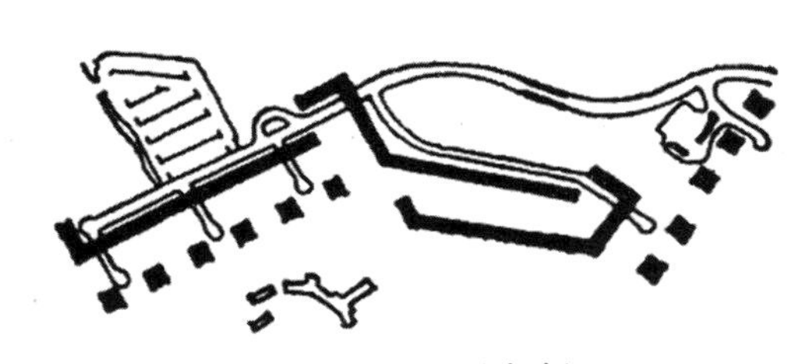

b. 曲尺形（瑞典）

c. 曲线形（法国）

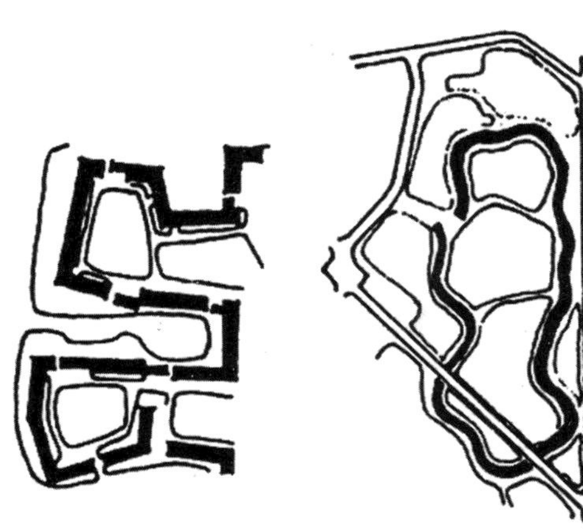

d. 自由围合形（瑞典）

图2.14　自由式组团

自由式组团并非完全无规律的任意布置，而是更注重空间的自由、舒展与流动效果。

自由式组团适合山区、不规则地段和刻意追求轻松、别致的环境。

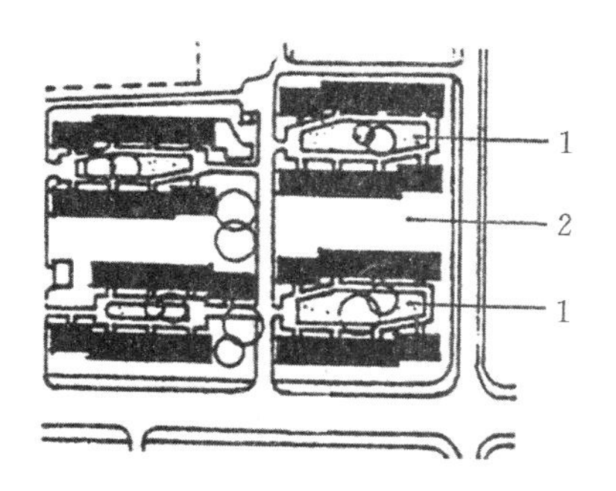

图2.15　积极空间与消极空间
1—积极空间；2—消极空间

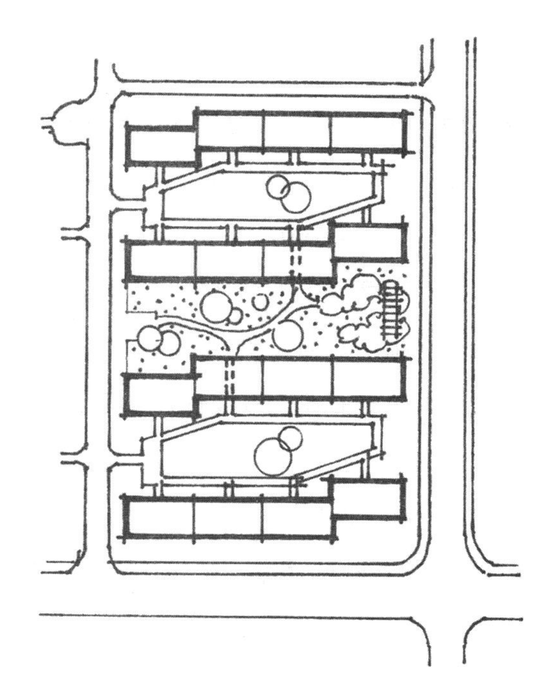

图2.16　将消极空间转化为适于休闲与阅读的静态空间

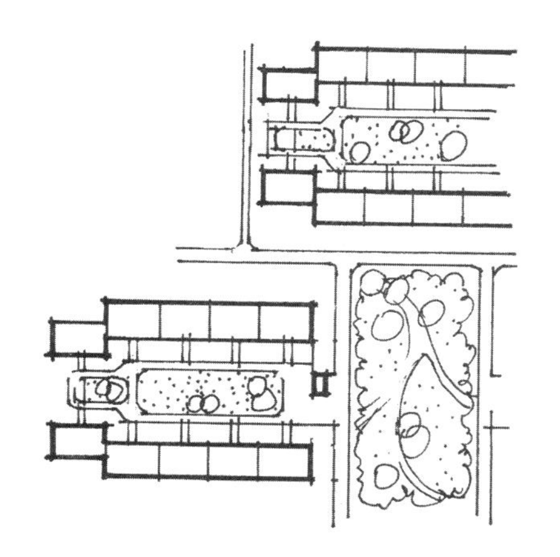

图2.17　院落之间横向错动布置可使南北院落之间的用地与组团绿地结合，减少消极空间

图2.18　底层架空（北京望京东园）

住宅底层架空有利于组团内部通风，并使前后庭园绿地连成一片，增加景观层次，更可成为夏季纳凉和儿童游戏的好场所。

一周将各单元入口联系起来。这种做法既使庭园成为得到充分利用的动态空间，活跃空间气氛，又提高组团道路的利用率。而组团之间的空间可充分组织绿化、配备必要的铺装、坐椅、灯具等，形成宜于休息、阅读的静态而不消极的空间，反而使动静各得其所。在一些情况下，如果用穿堂式过街楼等形式将两种空间联系起来效果更好（图2.16）；也可将前后排住宅左右错开布置或将住宅局部缩短，或组团间错开布置，以取得有一定围合感的绿化空间，既可形成邻里休息和交往场所，又有利于消极空间向积极空间转化（图2.17）。此外，还可以将部分住宅底层架空，使前后空间绿化连成一片，既增加了空间的层次，化消极为积极，又提供了遮阴避雨的灰空间，这种做法多为南方所用，近年来已逐渐为北方所接受，实用效果很好（图2.18）。

第四节　小区建筑的空间组合

小区建筑的空间组合就是运用空间构成的规律和手段将单体建筑组成一个完整的群体空间体系，使其不仅满足人们对户外功能的要求，同时还能创造一个优美的环境，满足人们的审美需求。

群体建筑的设计水平不仅取决于各个单体，更取决于富有创意的群体组合，尤其是在居住区，住宅单体因定型化设计和批量建造，变化不可能太多。过多的重复导致形象的单调，缺少可识别性，更不可能激发自豪感和归属感。人们厌烦“兵营式”住宅，就是源于其空间的乏味。因此，在小区规划中，除具有良好的单体设计和平面布局外，还要依靠良好的空间组合，以营造优美空间，同时改善环境质量，节约建筑用地。

一、营造优美空间

营造群体建筑的优美空间要掌握和运用一些基本的空间构图规律。

（一）对比与协调

在同一构图元素中差异小则协调，差异大则形成对比。在住宅群体中，因单体重复多，差异不明显，易显单调，故应在整体协调的同时注意运用对比手法取得生动活泼的效果。

单体之间的对比可以有多种。例如，体量的高与矮、大与小、曲与直、通透与封闭、质感的轻薄与厚重以及色彩的冷与暖和明与暗等。

沿街的住宅中，高耸的塔楼与低平的住宅（裙房商铺）相间布置，既可形成空间轮廓的对比，又可表现出有节奏的韵律感。

组团中有序排列的板楼与散落的点式（塔式）住宅的对比会使环境更为生动而轻松。

体型简洁、色彩淡雅的住宅与体型自由、色彩鲜亮的公共建筑的对比会使公共设施环境更加醒目、提神，营造出祥和欢乐的气氛。

上部实体与底层架空的对比可形成强烈的虚实对比效果，增加庭院景观层次并提供宜人的室外活动空间（图2.19）。

……

协调与对比不是绝对的。连续的差异构成渐变，同样可以取得生动的空间形象而又避免突兀。同时，对比也是有节制的，关键部位采用对比手法可使建筑群体形象 生动，重点突出（图2.20）；而无节制的到处对比只能造成混乱。

（二）比例与尺度

在单体建筑中，比例是指局部与局部、局部与整体间的尺寸比较关系，比例合适则建筑美观。尺度则特指其绝对尺寸大小及与人体或为人熟知的

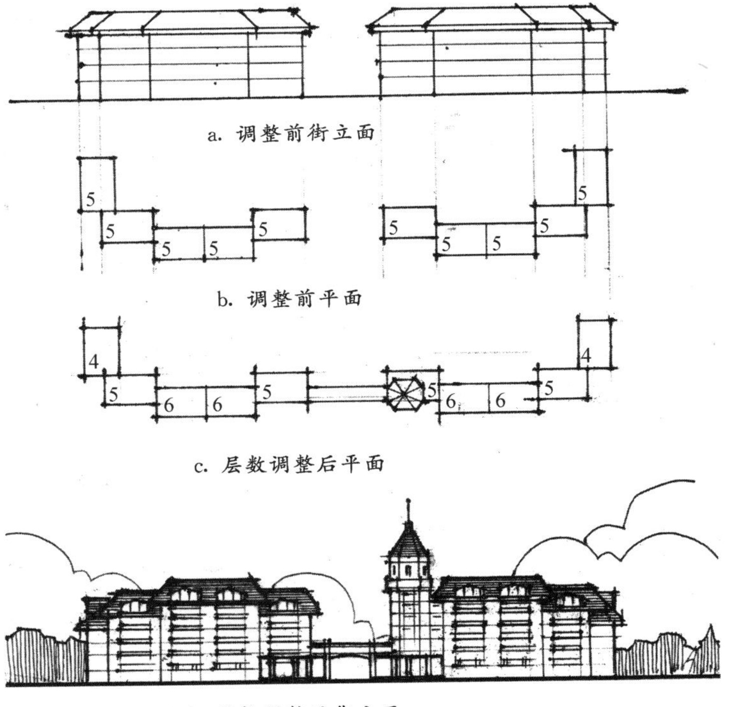

图2.19　对比在立面构图中的应用

在建筑面积不变的情况下，通过调整单元层数和局部体量的转移，形成实体与透空、水平与垂直的对比，使原有平淡的立面变得生动而富有表现力。

图2.20 渐变在构图中的应用

渐变是在保持统一和秩序感的同时求得变化的一种处理手法，运用得好，可收到和谐而不呆板、活泼而不凌乱的构图效果。

构件的比较关系，尺度错误不仅不美观而且会产生错觉（例如出现诸如“小大人”和“大小孩”问题）。

在建筑群体中，比例与尺度更多的是指建筑与建筑、建筑与室外空间之间的尺寸关系。这种关系处理不当，同样会使人感到不舒服。例如，从一般人的感受来看，建筑的高度与院落进深的比例为1：3较为合适，这个比例也适用于建筑与街道宽度的比例关系。空间太狭窄使人感觉拥挤，近距离内过高的建筑更易产生压迫感，而建筑过矮、间距过大则会显得空旷冷清、不亲切（图2.21）。人们大多有这样的体验：在一些旧城的商业街上，两边建筑2~3层高、街宽不超过20m时，高宽比不大于1：2，站在马路一侧可以看清对面店铺的招牌和商品，加上两侧行道树的树冠可以搭接起来，人们可以在绿阴下方便地往返两侧购物，感觉十分亲切、充满人情味。这说明人对建筑与空间的比例有一个适应的范围（图2.22）。

但这只是问题的一个方面，还有一个尺度问题。40m高的建筑和80m宽的马路虽然也符合1：2的比例但人不会感到亲切，因为它不符合人们习惯的空间尺度。这种尺度的空间只能是大城市的主干道而不是商业街。

然而，由于用地限制，住宅之间一般按日照间距布置，很难达到理想的空间比例要求，这就需要采取一些调整措施。例如，平面布置的错动、住宅顶层后退形成露台、街道过窄时底层后退做成骑楼以及将住宅底层架空使前后绿化空间连成一片等都是调整空间的有效办法（图2.23）。

此外，需要提及的是，室内、室外的尺度感是不同的。同样的雕塑在室内的感觉是合适的，但照搬到室外就会成为不起眼的小玩意儿。这是因为作品与背景空间的比例是不同的，不宜乱用（图2.24）。这方面在设计和实践中出现的问题很多。许多城市修建的所谓形象工程，路很宽，广场很大，而周边建筑和雕塑作品很小，广场空间大而无当。因尺度极不协调，导致公共空间毫无亲切感。

（三）空间的围与透

积极空间是有围合的空间，完全没有围合的空间空旷、冷漠、无依无靠。人们在旷野和沙漠中不会停留，就是因为没有安全感，更无亲切感可言。然而，完全封闭的围合会使人感到憋闷，透不过气来，因此，需要适度的围合，将围与透相结合。

不同的围合产生以下不同的感受（图2.25）：

四面围合的院落空间没有明显的方向感，感觉是静止的。这时人们会有被围困的感觉，需要有一个缺口或洞口能够通到外面去。

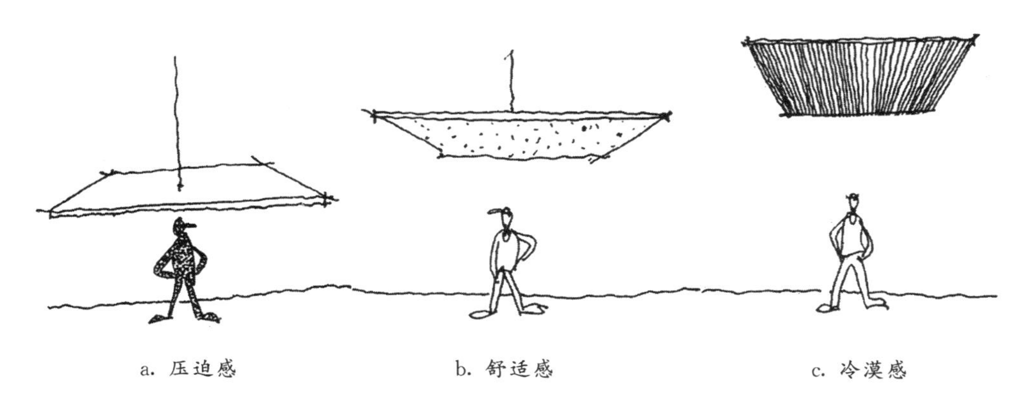

a. 压迫感　　b. 舒适感　　c. 冷漠感

图2.21 建筑与空间的比例

不同空间的比例对人的心理感受的影响同样适用于室内、外环境。展示空间的亲切舒展和教堂空间的神圣高峻就是两个极端的例子。

图2.22　商业步行街的比例

商业步行街不宜过宽，且机动车辆应引向外围，否则难以形成放松的休闲购物氛围。

图2.23　传统的骑楼

在传统商业街中，骑楼是常见的做法。底层店面后退，不仅增加了街道的有效宽度，也可以遮阴避雨，气氛亲切。

图2.24　室外雕塑尺度

居住区景观中的雕塑除内容方面宜选择与生活、生态有关的主题外，尺度上应根据所处空间大小和观赏距离（最好进行实地勘察）决定。

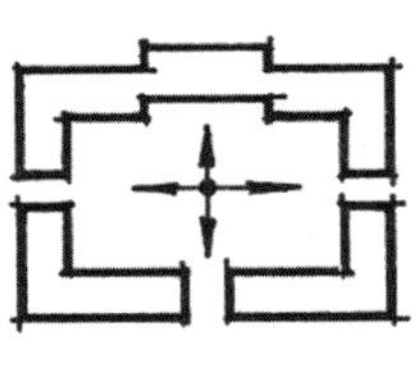

a.

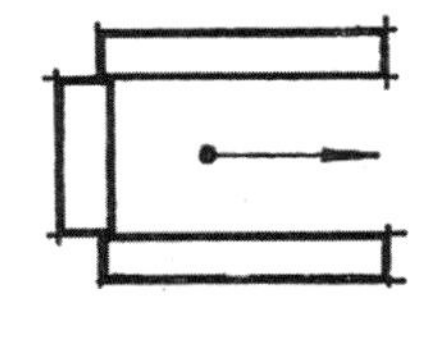
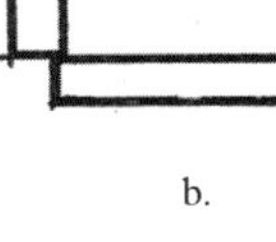

b.

e.

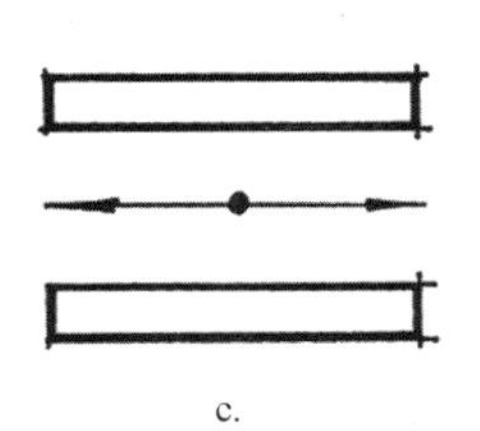

c.

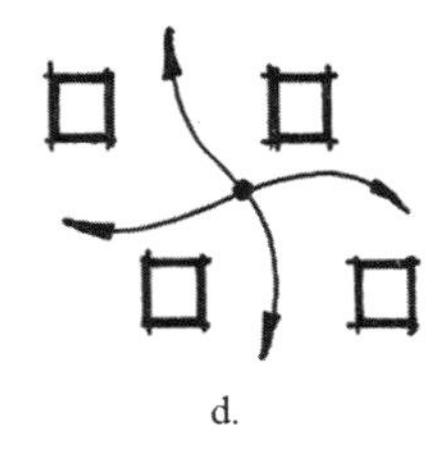

d.

图2.25　庭院空间的围与透

a.四面围合

空间完整、稳定，方向感不确定。

b.三面围合

空间稳定，方向感明确。

c.两栋平行住宅

围合感很弱，方向不定，形同通道。

d.建筑被环境包围

空间自由流动，几乎无领域感。

e.院落适当的围合

可以增强归属感和安全感，而且可以获得更亲切的空间尺度，丰富景观层次。

三面围合的院落有一个明确的运动方向，即开口方向。在三面围合的空间中，既有稳定的活动空间，又有一面开口，可以方便地与院落外部沟通，是比较理想的积极空间。

只有两面围合的空间，运动方向不确定，且运动感大于静止感，实际等于一个双向运动的大通道，只能通过营造一些小场地环境才能让人稍作停留。这时，如果在庭院的一端将住宅单元向里错动，放一个花架、休息廊等都会使人们望过去在视线上有个交代，从而增强空间的围合感，使空间变得稳定而亲切。

实际上，在群体建筑的组合中空间情况要复杂得多。有时单靠建筑本身不能形成有效的围合，可以增加一些辅助措施加以强调。例如，在一个广场上，可以用环形的廊子将周边较零散的建筑联系起来，从而增强空间的整体感和公共性。又如，在高层住宅集中的组团中，庭院空间相对狭小，加之人口密度大，缺少室外活动空间，为此，可以增设两层平台，将各高层住宅连成整体。平台上进行绿化供人们休闲和儿童游戏，平台下作为停车和服务店面，平台中间掏空形成天井或绿化下沉广场。这样既使室外活动不受干扰，保证了儿童安全，提供了方便的商业与交通服务；又从空间上增加了景观层次，缓解了高层直耸地面的生硬感。这种空间处理方法在香港、深圳等南方城市多为采用（图2.26）。

有时，高大的板式建筑会产生“堵”的感觉，于是设计上采用“开洞”的办法使空间“透”过去，甚至在较大尺度的“洞”中作空中花园，增加空间情趣（如香港浅水湾）。此外，底层架空或全做成玻璃房使前后庭院在视觉上贯通，都是围中求透、丰富空间的有效措施（图2.27）。

二、改善环境质量

合理的空间组合，不仅可以塑造美好的空间形象，而且可以明显改善住区的环境质量。

（一）改善日照条件

住宅朝向以正南为最佳朝向，但根据用地形状和地形条件，住宅布置适当偏转（向东或向西）30° 以内仍然为好朝向。纯东西向的住宅缺点较多，尤其是朝西的一面夏季西晒、冬季受西北风，是最不受欢迎的朝向。但只要设计上采取措施，例如将主要房间放在东面，西面设进深较大的阳台或设遮阳板、采用锯齿窗改善朝向等，东西向住宅还是可以接受的。在冬季阴冷又无暖气的南方，东西向住宅上下午均可得到日照，这比起纯南向住宅中朝北的房间常年不见阳光也有其可取之处。特别是适当布置少量东西向住宅有利于提高容积率，而在同样容积率的条件下可以加大庭院面积，有利于改善环境。

基于上述原因，在规划中可以采取较为灵活的方式进行空间组合，既丰富空间环境又改善日照条件：

（1）将住宅前后左右错开布置，等于增加了日照间距，延长了日照时间。

（2）点（塔）式住宅与板式住宅结合布置，点（塔）式在前、板式在后，可减少日照遮挡时间，改善后排住宅的日照条件。

（3）利用适宜的偏转角度，布置部分东南向住宅，在获得最佳朝向住宅的同时，争取到较开敞的阳光绿地。

（4）适当布置少量L形转角楼型，在增加庭院围合效果的同时，加大庭院进深，改善庭院日照环境。

（5）在高层围合的周边式布置中，对南面住宅局部采取退台式设计或留出豁口，在获得丰富体型的同时可增加庭院日照。

（6）在山区或地形复杂地段，尽量利用向阳坡布置住宅，层层叠落，争取更多日照（图2.28）。

图2.26　连廊、架空与围合

高层底部的连廊、架空平台既保证了安全，又增加了店面与停车空间和景观层次。

图2.27　高层建筑的透空处理

在高层办公楼上开洞，既有利于解决体量过大造成的视觉拥堵问题，也有利于通风。

图2.28　复杂地形建筑布置

在山区和复杂地形中，建筑体量宜小，错落布置，以节约用地，改善日照条件。

错列布置住宅，增大迎风面

住宅疏密相间，密处风速大，改善通风

长幢住宅利于挡风，短幢住宅利于通风

冬季主导风向

夏季主导风向

高层、低层间隔布置利于通风

豁口迎向主导风向，以利群体通风

利用局部风候改善通风

利用水面和陆地温差加强通风

夜晚

白天

a.组团规划的通风防风措施

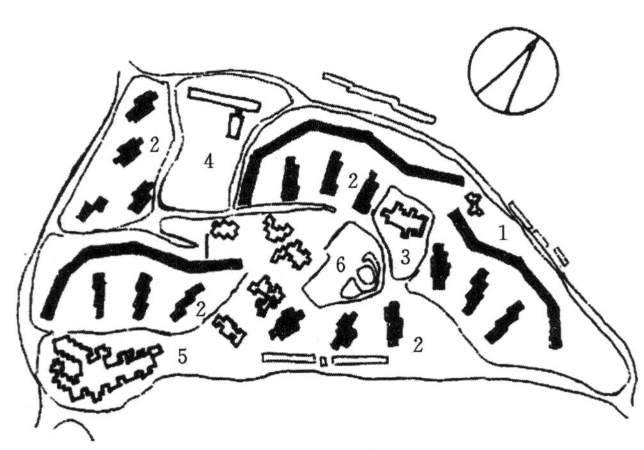

斯洛伐克小区总平面

1 — 5 层住宅；2 — 3~5 层住宅；3 — 托幼；
4 — 学校；5 — 商业中心；　6 — 小游园

b.小区规划中典型的北封闭、南敞开布置方法

图2.29　规划中的通风、防风措施

规划中利用建筑的朝向、疏密、错动和体量来组织通风是改善住宅局部小气候的重要措施。

（二）有利组织通风

建筑群体组合可以根据所处地区气候条件有效组织通风以改善小气候。

（1）北方夏热冬冷，组团布置宜采用北高南低、南面敞开北面封闭的方式，以利夏季南风吹入而冬季阻挡北风。为此，组团北面宜布置板式、条形高层住宅，而南面布置点式或体量较小的板式住宅。这种布置方式不仅可以利用季风改善小气候，也同时与争取更好的日照条件相符。

（2）南方夏季湿热，对日照依赖较少而以通风为主。在南方传统民居中均十分注重组织穿堂风，在新建居住区多采用点（塔）式住宅以改善区内通风条件。

（3）无论南方或北方，在小区和组团的建筑群体布置中都需注意使主要通道设计符合季风方向，使风沿主风道流向各组团庭院，再由庭院流向住宅，形成完整的通风系统。沿通风系统进行充分绿化，以净化空气，调节温度、湿度，改善环境质量。当以条形住宅为主时，前后住宅错开布置和适当偏转角度都利于导入气流、改善通风（图2.29）。

此外，在户型选择时，条形住宅应尽量选择一梯两户的户型，避免出现只有单一朝向的户型，以保证户内通风。

三、节约建设用地

合理的空间组合可以有效地节约建设用地：

（1）在向阳坡地上，后排住宅地基高于前排，相当于减少了前排住宅的计算高度，因而可以缩小日照间距。

（2）同理，在平地上后排住宅底层若用于对日照要求并不严格的公共服务设施，同样可以减小日照间距，同时节约了公共服务设施用地。类似常用办法还有将前排顶层做成坡顶或将顶层用房前移形成后退台，都是既保障日照又缩小间距、节约用地的好办法（图2.30）。

（3）将住宅一端连接起来，做成［或E字形三面围合的庭院空间，可以在组织院落空间的同时明显提高用地容积率。当然，如前所述，如果东西向用房作为住宅应处理好防西晒问题（采用大阳台、遮阳板、锯齿窗以及组织穿堂风和西向绿化时），如果用于公共设施则不存在朝向问题。

（4）点（塔）式住宅因遮挡时间短，日照间距可以减少（在北京地区当前排住宅面宽小于25m时，日照间距系数可以减为1.1），如果按前后排错开布置则更为有利。

综上所述，建筑群体的空间组合是一个综合的设计过程。一般人们对于建筑的空间组合主要注意的是空间形象和趣味性，这也确实是规划方案给人的第一观感。然而其目的不止于此，它也是提高住区环境质量、节约土地资源和获取更多生活空间的重要过程，因而在人们对环境品质要求日益提高的今天，住区建筑群体空间组合设计是住区规划中最需要着力研究和比较、推敲的工作。住宅系统规划合理，其他系统配合跟进，总体规划的成功就有了基本保证（图2.31）。

四、公共建筑的布置与形象设计

公共建筑是居住小区建筑群体组合中最活跃的因素，往往成为群体空间构成中的点睛之比。这是因为住宅量大，体型与性格形象相对单一，而公共建筑很少定型设计，可以根据功能配置与所处环境灵活处理，形象设计自由度很大。同时，公共建筑由其性格决定其本身就是“聚人气”的地方，因此，其形象必然是活泼、愉悦、色彩鲜明、通透明快的，从而与住宅宁静、私密的性格特征形成鲜明的对比。公共建筑所在之处成为住区的兴奋点，不仅关系到居民生活的方便程度，而且对社区面貌影响很大。

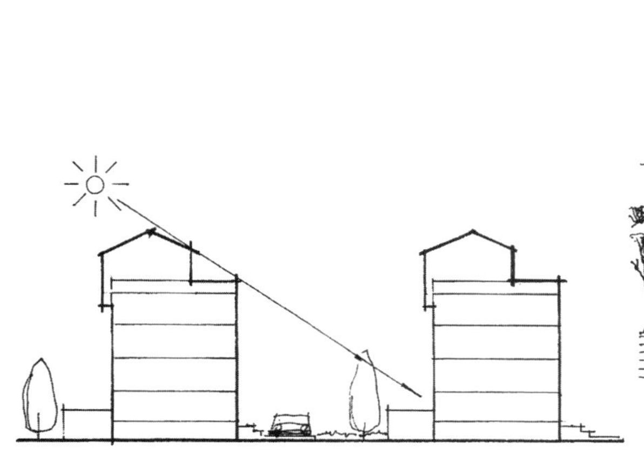

图2.30 屋顶退台缩小间距

屋顶后退台、降低前排住宅的计算高度，可有效节约建设用地，适当提高容积率。

图2.31 空间组合的综合效果

住宅、公共建筑与景观小品的合理组合，既可以节约用地、创造丰富的空间效果，同时也为形成具有感染力的景观形象打下了基础。

公共建筑在小区中的布局根据其功能有所不同。

（一）商业服务性建筑

商业服务性建筑的布置可以有以下三种方式：

（1）在独立地段集中起来并与小区中心绿地联合设置，共同组合成小区中心。这种方法的优点是可以集中体量，作出丰富的体型，形成优美的室内外空间，营造出活跃的商业气氛和宜人的休闲环境。独立设置的小区商业服务设施规模不大，一般以低层为主，体型自由舒展，主要线条水平展开，与周边多层或高层住宅群体形成空间形象（水平与垂直）和环境氛围（热闹与宁静）的明显对比。同时，商业服务设施的集中布置有利于提供综合、高效的服务，当服务项目变化时，经营方式和面积的调剂相对容易（图2.32）。

（2）结合小区出入口沿城市道路布置，形成商业步行街。当商业设施与小区出入口并列沿街布置时，便于居民下班顺道购物和兼顾对外营业。

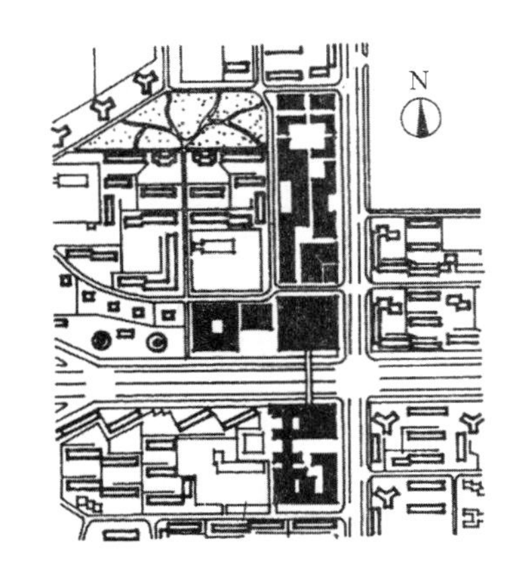

图2.32　集中布置的商业服务设施

集中布置方式有利于提供综合、高效的服务。当服务项目有所变化时，也便于调整，尤其适合规模较大的住区或同时为相邻小区服务。

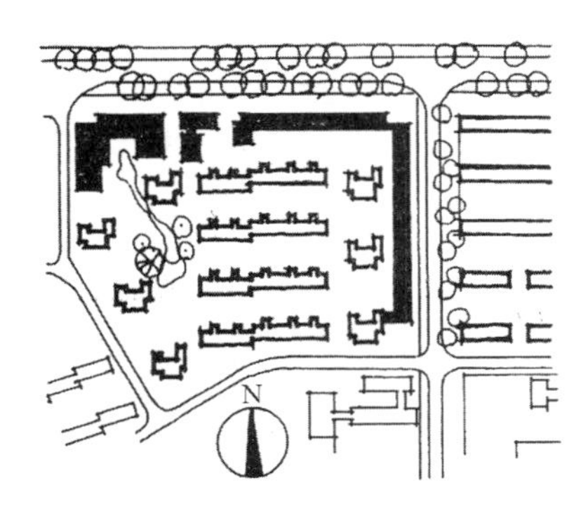

a.沿街布置的商业服务设施的平面

沿小区外围布置便于居民上下班顺路采购，同时可兼顾对外服务，提高经营效益。

将沿街布置与沿小区纵深方向布置相结合形成T形布局时，不仅有利于兼顾内外服务，还可以与中心绿地相结合，形成气氛活跃的商业与文化休闲空间。

b.沿街布置的商业服务设施的效果

图2.33　商业服务设施

沿街布置的商业设施，一种是以低层形式独立或联合设置，这与传统的商业街相似，建筑尺度亲切宜人，对小区内很少干扰；另一种是作为底层商店沿街布置，这时底层商店或前突成裙房，或后退成骑楼，均可获得宜人的尺度并形成底层的水平线条，与其上的住宅在形象上形成对比，当底层商店在平面上垂直于住宅时，水平的底商与垂直的住宅山墙对比尤其明显。无论底层商店前突或后退，都有调整建筑尺度和减轻对内干扰的作用。此外，商店丰富的色彩、通透的商业空间很符合中国人对传统商业街的记忆和心理情趣，较之集中的大商场更觉亲切而贴近生活。这种布置方式对城市的"贡献"较大，且可使小区内形成宁静的纯居住环境。但因它处于小区外围，当小区纵深较大时可能造成服务距离过大、不均衡，需要在另一侧适当补充网点。

当商业服务设施在小区内部沿纵深方向道路两侧布置而形成小区内部商业街时，小区内部活跃气氛增强，而对外功能减弱。当然也可将两者结合起来，形成T形布局，内外兼顾（图2.33）。

（3）在大城市用地紧张的情况下又需布置在小区内部时，可将部分对居民干扰较小的服务设施和商铺完全置于住宅的底层。当进深和层高不能满足需要时，可占用两层或向外扩充形成裙房，将裙房顶部作露天茶座或屋顶花园；在特殊情况下，也可采用下沉广场的形式周边布置商业服务设施，形成与景观广场相结合的立体组合（图2.34）。这种地下商业设施与地下停车场出入口相结合时既方便居民出入购物、娱乐，又可减少对地上活动的干扰，还可以营造热闹的地下空间，避免单作地下停车场的阴暗、冷清。

（二）文化教育类公共建筑

文化教育类公共建筑可分为文化活动与学校教育两类，其布置与形象设计也应有所不同。

1.文化活动类建筑

居住区文化活动类建筑传统上称为文化活动站（或文化活动中心），功能涉及阅览、游艺、影视、棋牌、舞厅、艺术培训以及健身房、游泳池等。目前，在小区一级的这类项目一般以会所的形式出现，并辅以小型购物、餐饮等服务构成综合性的文化娱乐设施。会所可以作为小区中心的主体建筑，也可与其他商业服务设施合并设置。会所的规模和项目设置差异很大，有特色的会所（如有完善的舞厅、球场和游泳池）常常能吸引临近小区的人前来消费。

由于会所体量较为集中、形象突出，常常成为小区的标志和空间构图中心，也是小区档次与文化品位的体现。在外观形象的塑造上，会所应与周边住宅从体型、色彩、质感上形成对比，充分体现其愉悦性、时尚性和开放性。但由于会所处于住区内部而不是商业区，其性格特征应更体现优雅的文化品位而避免过分浮华的商业气质，例如与小区中心绿地相结合形成综合性的文化休闲空间则更有利于社区环境的优化（图2.35）。

2.学校教育类建筑

学校教育类建筑包括托儿所、幼儿园及中、小学。其中小学和幼儿园是必备项目，且均需单独设置。

小学的建筑高度不超过4层，应按建制（6班、12班或18班）配备标准教室和音体教室。以12班小学为例，建筑面积约4500m²，用地至少6000m²，并配备不小于200m的环形跑道。小学建筑体型设计应新颖、活泼，保证具有良好的朝向和日照、通风条件。

在小区内部，由于小学占地较大又需要相对安静的环境，可以成为居住组团间的自然分界。

幼儿园在小区级公共建筑中也属于规模较大的，以2层为主，不宜超过3层。例如，按150人（相当于7500人的小区，千人指标20人）计算，则建筑面积约1500m²，用地2400m²。

在传统规划中，每个组团均应配备托幼机构。当前由于人口出生率下降，在规模不大的

图2.34　下沉广场

在用地紧张的条件下，可在下沉广场周边布置公共服务设施，其顶面用作休闲场所。

小区中也可集中设置，并且仅设幼儿园。

幼儿园在规划中应选择安静、日照充足、绿化条件好且位置适中便于家长接送的地方。因此，幼儿园可与小区绿地相结合，但应避开商业嘈杂、易受污染和噪声干扰的地段。

小学和幼儿园建筑在小区公共建筑规划中占有重要的地位。从小区空间构图上说，会所、小学和幼儿园等公共建筑体型丰富舒展、个性突出、色彩鲜明，可以成为住宅组团分界的明显标识，并从形象上与住宅形成对比，使小区充满生气。但它们之间又因功能不同而表现出不同的性格特征。会所兼备文化与商业特点，主要为成人活动场所，尤其是休闲、娱乐和交往的功能使其成为家庭客厅的延伸，其造型应强调高雅与公共性（图2.36）。而小学和幼儿园为儿童教育机构，功能上以分班活动为主，所以在整体造型上应体现活泼的特点，其主体应表现出较强的韵律感，其色彩也更为鲜明、跳动，符合儿童心理，在位置上应与商业部分适当隔离。这些文化教育类公共建筑应以其特有的造型语言和性格特征成为小区整体构图中最生动、最活泼的因素（图2.37）。

3.市政类公共设施的空间构图

市政类公共设施，例如水泵房、变配电室、机房、热交换站、水处理设施、工程维修设施、地下车库及人防出入口、公厕和垃圾站等，是保证小区正常运行、保障居民日常生活的主要

图2.35　文化品位的会所

当会所的功能以文化和健身功能为主，且与小区中心绿地相结合时，应更多地体现清新、优雅的文化品位，以更好地与环境融合，为居民营造宁静、舒适的休闲空间。

图2.36　会所建筑的高雅与公共性

会所是文化建筑，但其消费与经营属于商业行为；会所又是商业建筑，但其功能又带有浓厚的文化气息。因此，会所的形象应体现出高雅与公共性的双重特征，从而常常成为小区档次与文化品位的标志。

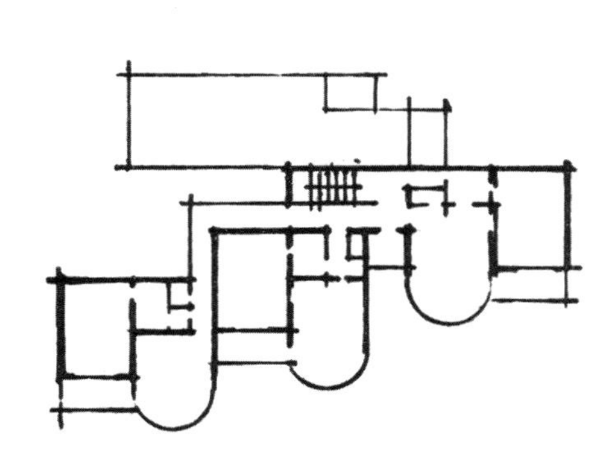

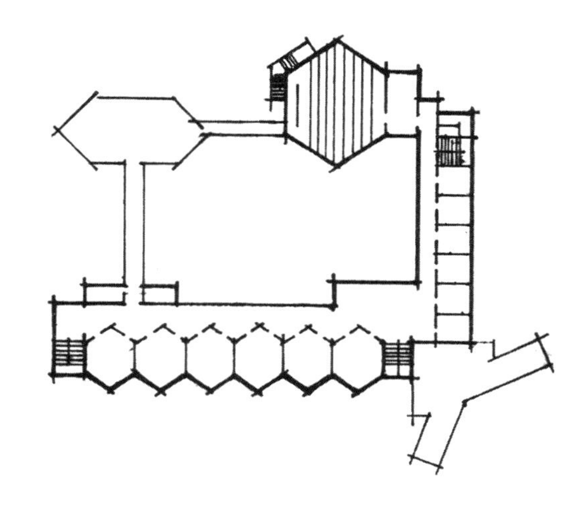

图2.37　小学和幼儿园的造型特征

小学和幼儿园的服务对象为少年儿童，体型宜活泼、明快，且因分班上课，在空间单元的构成上应呈现明显的节奏与韵律。小学和幼儿园应结合用地条件和绿化环境精心设计，使之成为小区建筑群体中的亮点。

图2.38　美化的工程构筑物

地下车库的金字塔形玻璃采光顶成为庭院景观的一部分，从形状、色彩和质感各方面与环境形成对比，简洁而生动。

设施。这类设施多数具有严格的专业技术要求，其位置、大小等需由相关专业决定，形象也不甚美观。对这类市政设施应由规划设计人员会同相关专业人员协商处理，在保证其工程技术要求的前提下可采取以下三种途径解决：

（1）合并，即将其纳入其他建筑中通盘解决。例如工程机房、变配电室、维修设备及管理用房等均可结合公共建筑和住宅地下部分统一安排。

（2）隐蔽，尤其是垃圾站、公厕一类感观不雅的设施，应使其处于较为隐蔽又易于找到的地方，并便于垃圾污物外运。

（3）美化，即在上述两种措施解决不了的情况下，采取艺术处理措施加以隐蔽、美化。例如人防出入口、地下通风口、处于广场中的泵房、变配电室等，均可以采取环境艺术手法加以美化，或使其融入绿化景观中，或将其外观处理成雕塑艺术品。这种将工程构筑物（或废弃的设备、设施）处理成充满现代感的标志物正是一种风行世界的潮流，尤其在老区改造的规划设计中应用甚广（图2.38）。

4. 公共建筑的选型与方案设计

在本书第一章中我们谈到，对公共建筑的项目配置和规模计算是总平面规划开始前准备工作的一部分，而在建筑群体空间组合设计阶段，主要公共建筑的大小、体型和风格就需要落实了。这时由于住宅组团位置和道路已经成形，公共建筑所处位置、环境条件也已具体化。于是，公共建筑单体方案需要也有可能落实了。

公共建筑中，中、小学和幼儿园可以用的定型设计和相近方案容易选择，但由于具体用地环境不同，可能需要做必要的修改使之更为理想。但会所和商业用房因功能不同一般很难选择套用，基本上必须依据规划条件自行设计。其体型、层数和形象要充分注意与周边建筑的群体空间构成关系，使之成为统一、和谐的整体。

作为完整的规划设计文件，主要单体方案包括基本住宅户型、组合体和主要公共建筑的平、立、剖方案都是必不可少的部分，要完整地附在规划文件中。

第三章　道路系统规划

道路系统相当于住区的骨骼和循环系统。一方面，作为“骨骼”，它支撑着住区的总体结构，使小区、组团和院落以及公共服务设施各归其位，通过道路骨架联系成一个有机整体；另一方面，作为“循环系统”，它既解决了居民出行需要，又为亲友来访、商店进货、搬家入住及服务上门等必要的城市交通进入住区提供了方便。因此，道路系统规划不仅决定着住区布局是否紧凑、合理，更影响着日后居民生活环境是否安全、方便（图3.1）。

道路系统规划的基本原则是：居民出行方便、顺畅；避免无关的车辆、人流进入或穿行小区；内部环境安静、安全，尤其是孩子在没有大人接送的情况下能安全地上下学。

若要符合上述原则，就需要道路功能明确、分级清楚，并进行必要的人车分流。

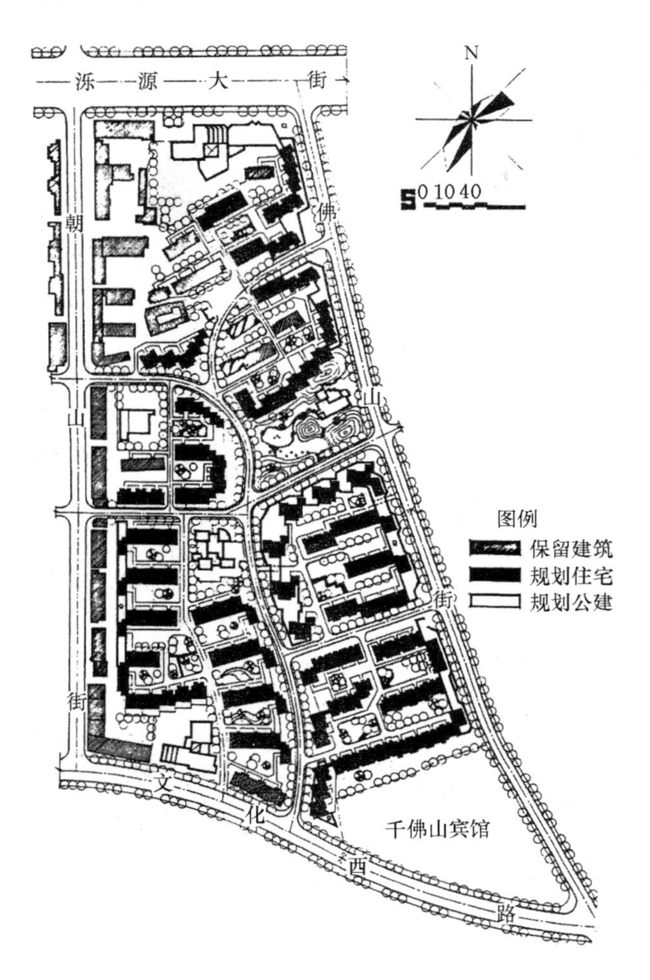

图3.1　小区总平面与道路系统（济南佛山苑小区）

该小区为老城改造项目，道路系统在原有道路基础上按现状走向拓宽、理顺。其线型流畅、分级清楚，为组团和公共建筑布置及景观设计创造了良好条件。

第一节　道路系统的分级与功能

居住区道路一般分为四级（图3.2）：

（1）居住区级道路：是居住区的主要道路，用以解决居住区对外与城市干道、对内与区内各小区的联系。居住区道路行驶车辆较多，车行道宽度为10~12m，两侧各设2~3m宽的人行道，加上行道树及路边绿化，红线宽度应为20~30m。这级道路在小区规划中应该是已知条件。

（2）小区级道路：小区对外至少要有两个出入口。小区级道路（即小区主路）是小区中的主要道路，用以解决对外与居住区道路、对内与各组团的联系，并将小区公共建筑、中心绿地和停车场库等联系起来，是小区的骨架和动脉，因此也是小区规划最先开始勾画的大线条。

小区级道路车行道宽度可为6~9m，一侧或两侧设人行道并种行道树。车行道的宽度是考虑两辆汽车可以对开，并留有自行车行使的基本宽度。人行道应做好绿化、铺装、照明和小品等，为人们出行、休闲和交往创造条件。小区主路是一侧设人行道还是两侧均设，要视所处地段、两

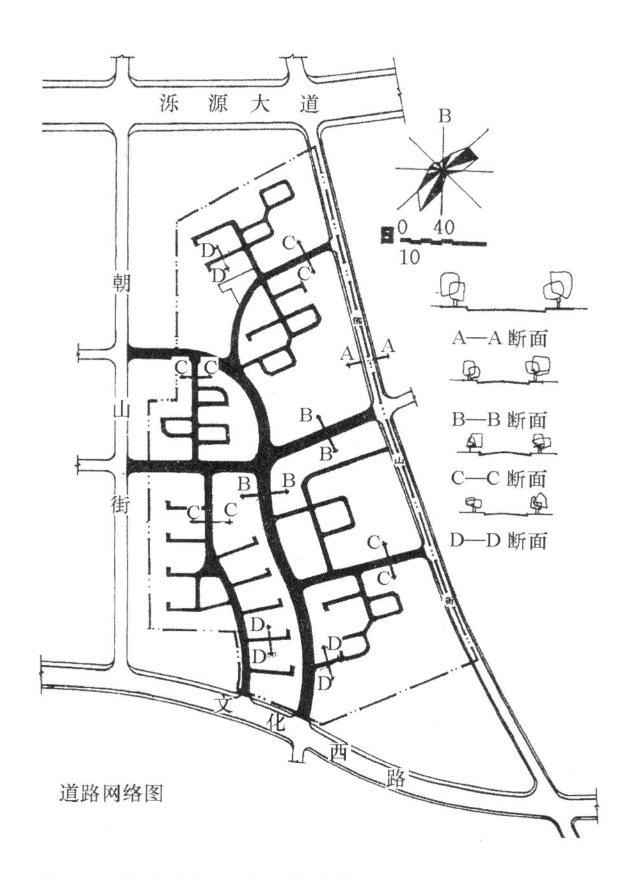

图3.2　道路分级（济南佛山苑小区）

A—A 居住区道路；B—B小区道路；C—C组团道路；D—D宅前小路

侧建筑、场地情况和交通流量而定。由于小区主路是人们出行的必经之路和重要的交往场所，因此需要认真设计。

（3）组团级道路：是从小区级道路（即小区主路）分支出来通向组团内部的道路（即小区支路），进入组团后即为组团的主路。

组团级道路车行道宽3~5m，可容一辆汽车和自行车并行。因为组团级道路在组团内联系各住宅楼或庭院，是居民出入组团的必经之路，因此，在临近住宅一侧最好设1.5~2m宽的人行道，并做好铺装，放置坐椅、庭园灯、垃圾桶等。在组团入口处，应设明显标志，以界定组团领域。现实中还往往配有保安管理，以控制外来车辆和无关人员进入，保证组团内安静，少受干扰。

（4）宅前级小路：又称为甬路，联系组团道路和各住宅单元入口，多半为尽端路，需设直径为12m的回车场。在有单元入口相对的庭院中，也可环绕庭院绿地形成环路。

宅前小路宽2.6~3m，人车混行，可保证在有客人来访、消防救护、搬家等需要时汽车可直达住宅单元门口，但进车机会较少。此外，单元门口是儿童喜欢游戏的地方，故需适当扩大铺装范围，兼顾临时停放自行车。单

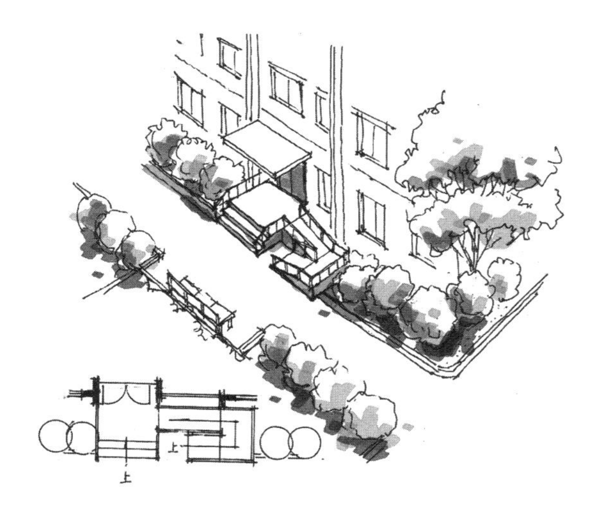

图3.3　宅前小路

宅前小路以步行为主，单元入口处可适当放宽，供儿童玩耍，单元入口处应考虑无障碍设计。

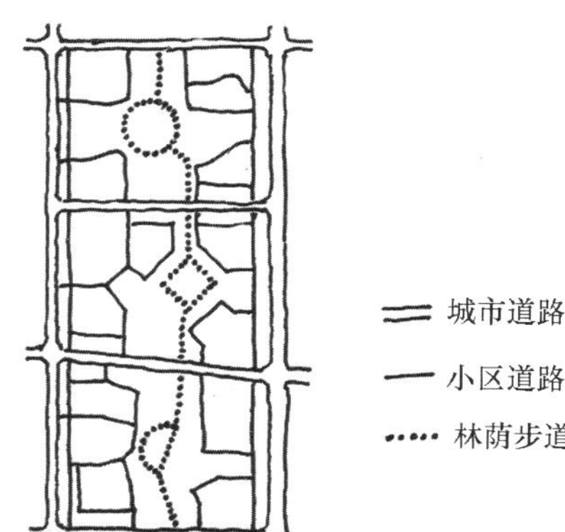

图3.4　林荫步道（深圳莲花区住宅）

林荫步道可将整个小区或组团的景观空间联系起来，使规整的几何形态的规划格局得以柔化，并为居民提供良好的休闲环境。

元入口处应考虑无障碍设计（图3.3）。

以上四级道路中，居住区级道路在小区范围以外，是作为市政交通环境的已知条件出现的。在小区交通系统规划中的道路主要涉及后三种。

除此以外，还有专供步行的林荫步道，供人们早晚锻炼、散步，往往可以联系各组团和小区中心，成为景观规划的一部分。林荫步道的宽度、坡度比较随意，由规划确定，并与绿地中的健身场地、器械和雕塑、小品景观相联系。林荫步道可以有台阶，以避免机动车驶入，但应考虑无障碍设计问题（图3.4）。

第二节　道路规划的基本要求

为保证小区居民生活环境的宁静、安全及出行方便，同时节约建设投资，小区道路系统规划要满足以下基本要求。

一、避免过境交通穿越小区

为保证居住安全和不受干扰，应避免城市道路（包括居住区级道路和公共交通）穿越小区。同时，也不宜有过多的车道出口通向城市干道，车道出口间距不应小于150m。小区道路与城市道路相交时，其夹角不宜小于75°。从交通安全考虑，小区出入口与城市道路交叉口的距离不宜小于75m。

二、方便居民出行和上下班

小区道路的走向、布置和出入口位置要方便居民出行和上下班。住宅距最近的公交站不应超过500m。小区过大会使住户距公交站过远，而且由于公交站服务面积过大会造成拥挤，甚至因车辆过分集中而带来交通拥堵。当小区规模较大时，就尤其需要注意公交站点的位置，必要时适当增加小区出入口。

三、小区道路要"通而不畅"

为了居民安全，小区道路要采取措施限制车速。小区车道应采用T形或S形，避免直出直入，不仅有利于降低车速，做到"通而不畅"，而且在一定程度上可以防止在交通拥堵时外部车辆抄近道穿越小区。同时，适度曲折的道路也有利于丰富道路景观。

四、车行道应能通至单元入口

宅前小路平时主要供人和自行车通行，但在居民消防、救护和搬家等特殊情况下必须保证机动车能直达住宅各单元门口。特别是在当今私家车增多的情况下，客人来访和住户出行用车的几率更多。与此相适应，宅前小路作为尽端路，长度不宜超过120m，尽端应设12m×12m的回车场。也可环绕庭园绿地形成环路，其转弯半径不小于6m。

五、满足消防要求

当沿街建筑长度超过150m时，应增设洞口不小于4m×4m的消防车通道。人行出口间距不应超过80m，超过时应在底层加设人行通道口。这既有利于人员的安全疏散，也有利于居民的日常出行。消防通道宽度不应小于3.5m，由于消防救护需用云梯，所以消防通道与高层建筑间尚需保持不小于5m的登高距离。

六、满足坡度规定

机动车道最大纵坡不大于8%，连续坡长不应超过200m；自行车道纵坡不应大于3%，连续坡长不应超过50m；人流活动的主要地段应考虑通行轮椅的坡道，坡度不大于2.5%。当用地坡度大于8%时，地台间应以踏步解决竖向交通，地台高差大于1.5m时应做护坡和护栏或挡墙以保障安全。

在山区或坡地，车行道应尽可能沿等高线布置，以满足坡度要求并节省土方量和桥涵，保护生态环境。

七、减少对住宅和建筑的干扰

道路边缘至建筑物的最小距离按表3.1确定。

表3.1中的道路边缘指小区道路、组团道路及宅前小路的路面边线。当小区道路设有人行便道时，其道路边缘指便道边线。高层住宅之间设二层架空平台时（见第二章），除住宅单元入口处外，平台边缘至建筑外墙距离也应按表3.1执行。该距离常考虑漏空处理，既可减少对室内干扰，也有利于底层采光、通风（图3.5）。

八、减少道路、缩短路程

居住要舒适，出行要便捷，但并非路越多越好。在小区内部，道路要分级明确，"各负其责"、"服务到位"，使居民享有最方便的交通条件。但在课程设计中经常出现的一个问题就是路网过密、"四通八达"，甚至一栋住宅前后左右都是路。"路路通"的结果是住宅"腹背受敌"、不得安宁。实际上，应当在满足功能要求的条件下尽量减少道路，尤其在组团内部能用尽端路的就不要贯通，尽量做到一条路服务几栋楼以节约用地和投资，创造安宁的居住环境。

此外，还要通过分析人的行为规律决定路的走向。现实中不乏这样的实例：道路设计时，只顾图面规整或构图好看，投入使用后人们却为抄近道而"另

表3.1　　道路边缘与建筑物的最小距离　　单位：m

道　路　级　别			小区道路	组团道路及宅前小路
道路与建筑的关系	建筑物面向道路	无出入口	3	2
		有出入口	5	3
	建筑物山墙面向道路		2	1.5
	围墙面向道路		1.5	1.5

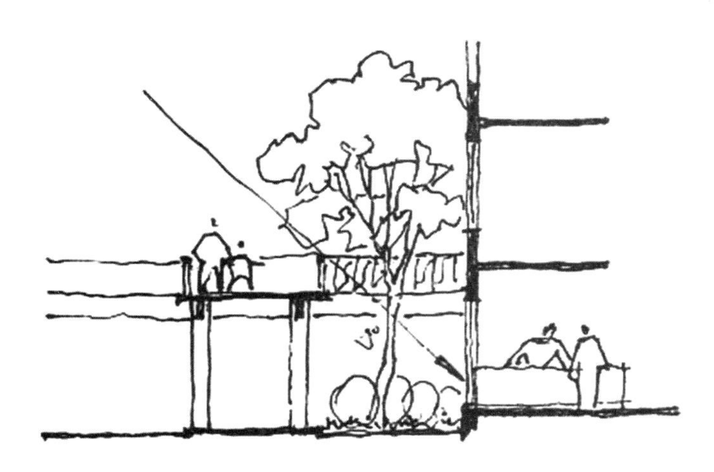

图3.5　架空平台、连廊

连接多个出入口的平台、连廊也如宅前小路一样，须与建筑外墙保持一定距离，以减少干扰，保证底层采光。

辟蹊径”，使设计师的构想落空。与其如此，不如研究人的出行路线，“顺其自然”规划路径，将人们的行为在不经意间纳入设计意图，既实用又避免无谓的浪费。

九、尽量利用原有道路

在规划中常常遇到原有的道路，这在城市改扩建规划中尤其多见。对于原有道路能利用的应尽量加以利用。这样既节约了投资（如同改造利用老房子），也尊重了环境。在规划中应研究人的流向，着重于疏导、整理而不是阻断它。有时，利用现有道路也会像利用原有绿化、水体一样，为规划带来新意和特点，使其更具文化意义而不单单是为了省钱。

第三节　道路系统的人车分流

人车分流就是在人车混行的基础上另设一套联系住宅与各公共设施、小学、托幼机构等的专用步行道，但步行道与车道交叉处仍为平交。具体做法是：在车行道一侧或两侧设人行道，或脱离车行道另设独立的步行系统。

人车分流的概念在国外由来已久，早在1933年美国建筑师C.斯坦就试验了人车分流的道路系统：车行道像鱼骨一样通进每一组团，车可以直开到每一户的后院家门口。组团之间是步行道，连接住宅的前院。住宅的主要房间朝向步行道，步行道通向中心绿地。人在步行道系统活动，不受汽车干扰（图3.6）。另一个例子是1941年美国洛杉矶建成的巴尔特温山村，车行道从外围道路进入组团。由于进入组团的是尽端路，村内没有汽车通过。住宅背向车道、面向步行道，步行道又自成系统与中心绿地和村外相通，这与前一个例子没有太大区别（图3.7）。类似做法目前在国内也已广为采用，不过有一点不同的是，我国对朝向的依赖很强，多数住宅主要房间一顺朝南。因此，这种鱼骨式的尽端路两侧不可能都是住宅的背面，但人车分流的意图是一致的。

我国历史上交通系统一直以步行为主。少量的人力车、畜力车并不影响人行。街上商铺、地摊、行人、车马混杂成为典型场景。20世纪80年代以前，人们出行除公交车外，仍以步行和自行车为主。人车混行一直是住宅区交通的主要形式，人车分流问题并不突出。

但改革开放以后，人们的出行方式有了很大变化，20世纪80年代私家车开始作为代步工具进入家庭，90年代私家车数量猛增。以北京为例，截至2009年，城市机动车保有量已超过300万辆。尤其在郊区新建小区，汽车拥有量有的已达到住户的150%。私家车的增加使小区环境质量和安全问题日益严重，人车分流已成为小区规划中必须考虑的重要问题。

从现实出发，根据所处地区交通条件和私家车拥有量的不同，可采取不同水平的人车分流系统。大体可分为以下几种：人车混行为主的系统、人车部分分流系统、人车完全分流（平面）系统、人车完全分流（立体）系统。

以上几种人车分流系统适应不同情况。

（1）中小城市和汽车拥有量小的地区仍可以人车混行为主，只需保证在必要时（消防、救护和搬家等）汽车可以开到住宅单元门口即可。宅前小路、组团级道路均人车混行，小区级道路一侧或两侧设并行的人行道，实现人车部分分流。

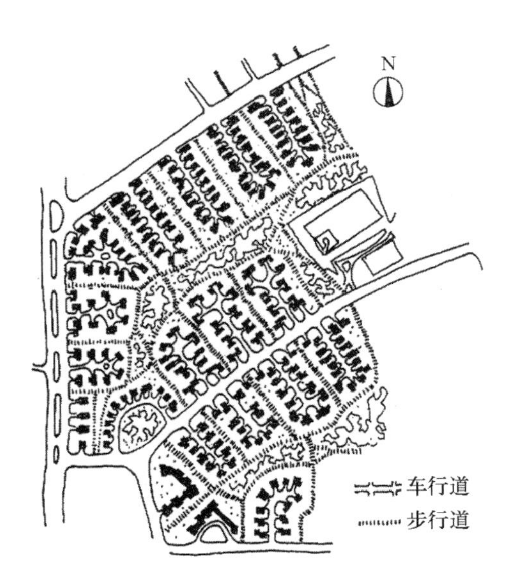

图3.6　美国新泽西州雷德朋居住区道路布置

车行道呈鱼骨式通向住宅后院，而前院为步行道，通向中心绿地，人车分流明确。

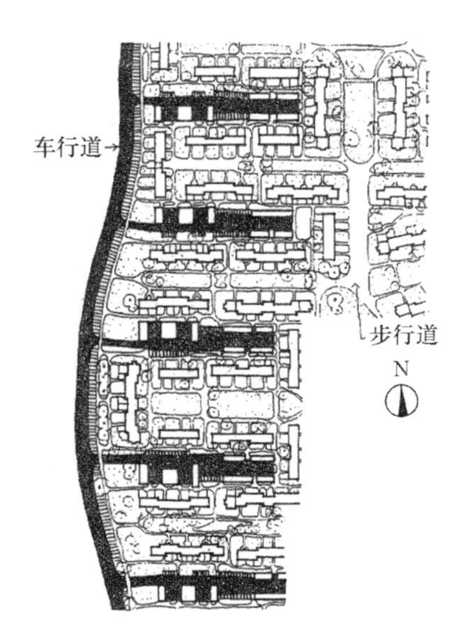

图3.7　美国洛杉矶巴尔特温山村道路布置（局部）

车行道从住区外围以尽端路形式进入组团，村内完全不见汽车。

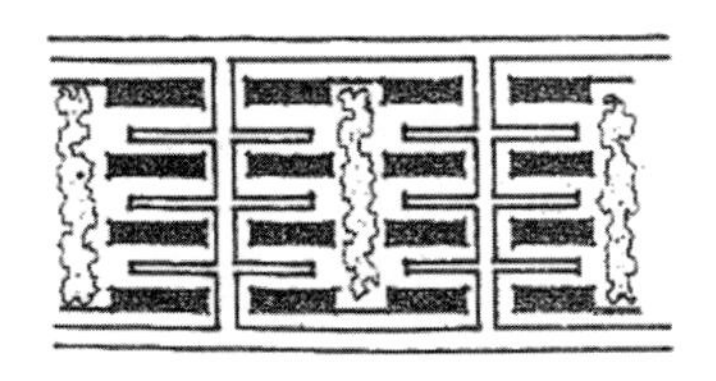

a.人车混行系统（示意）

多用于乡镇及早期建设居住区。各级道路只以宽度区别，适用于车流量不大的地区。

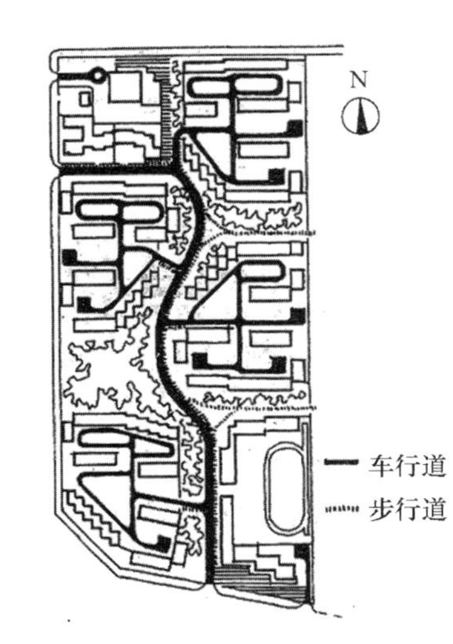

b.人车部分分流系统（北京恩济里小区）

小区干道一侧设人行道，组团内部人车可混行，为我国多数现有小区所采用。在私家车不多的地区，已可保证较好的居住环境。

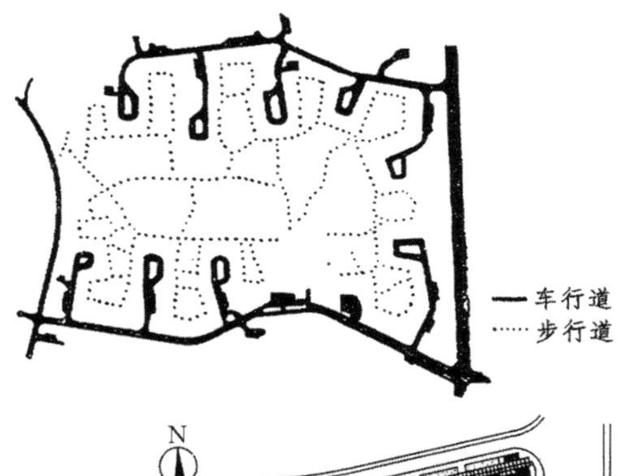

c.人车完全分流（平面）系统（瑞典爱兰勃罗巴朗贝肯小区）

车辆从小区外围进出组团，人行道另成系统向相反方向通向中心绿地，实现人车完全分流（在平面上）。

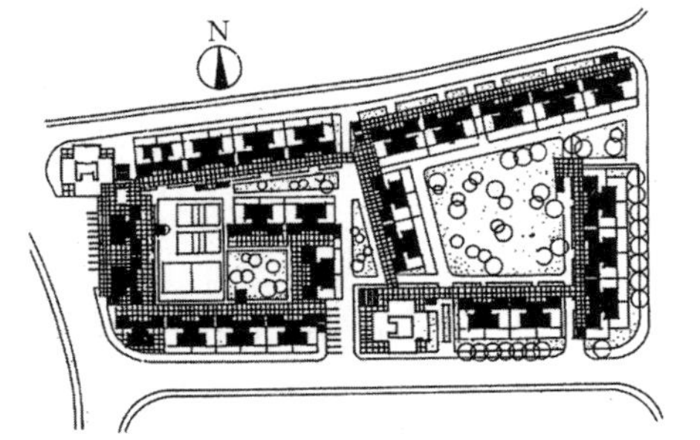

d.人车完全分流（地上立体）系统（广州东湖新村）

车辆在架空平台下地面进出，人在架空平台上休闲活动，也可通过室外楼梯下到中心绿地，实现立体人车分流，南方及港澳地区高层住宅区多采用这种系统。

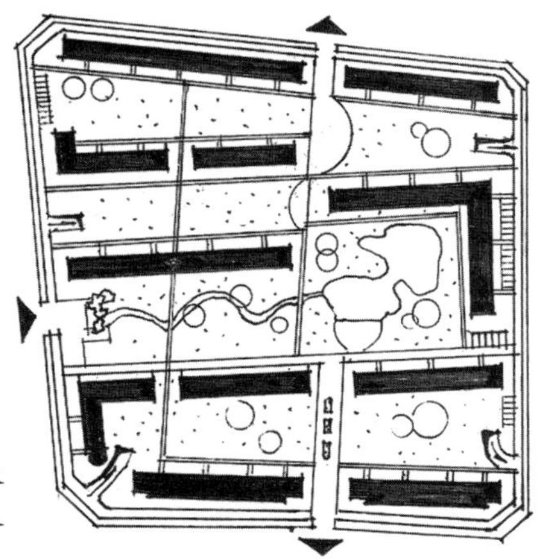

e.人车完全分流（地下立体）系统（北京慧谷阳光）

汽车进入小区便进入地下车库，并通过电梯与各单元相通。进出车均走外围消防通道。除少量临时停车位（也沿外围）外，小区内部地面基本不见汽车。但必要时，汽车可达到各单元地面入口。北京新建高档小区多采用。

图3.8　道路系统的人车分流

（2）在大城市和汽车拥有量大的地区应采用完全明确的人车分流系统。例如，采用鱼骨式的尽端路；与各单元主要入口相连，或采用汽车从小区（或组团）外围进入组团的方式。同时，建立明确的步行系统，尽量减少与车行道的交叉。

（3）在容积率高、以高层为主、人口密集而汽车拥有量很大的地区（如深圳、上海、北京等城市），不仅应实行明确的人车分流，而且应该使汽车从组团外围就进入地下，在地下与各住宅垂直交通系统（电梯、楼梯）相连。地上除安排少量临时停车位外，平时基本不见汽车。但消防通道必须保留，平时为步行，需要时可应急，从而保证有一个安静、安全的庭园环境，实现完全的立体的人车分流。

（4）在特殊高档居住区，如高档别墅区，人车分流问题反而并不迫切。这是由于容积率很低，人口密度更低，虽家家有车，交通并不拥挤，而且步行人很少，只要控制车速，安全问题不大。因此，在特殊高档居住区反倒可以采取人车混行（只在小区干道增设并行的人行道）的方法。这时单独设置的步行系统更多的是从景观和休闲健身目的出发，并非完全出于安全目的的人车分流。

必须指出的是，在任何情况下，人车分流都是相对的，绝对的人车分流并不实际，也没有必要。探亲访友、顺路购物、家具搬运等汽车进入社区和临时停车是不可避免的，只要区别不同条件，采取适当措施，既保障出行方便，又尽量营造安全、舒适的环境即可（图3.8）。

第四节　道路系统的线型设计

小区道路的走向与线型设计对于合理组织小区建筑群体空间和形成动态景观十分重要。正确的走向便于居民活动和出行；良好的线型设计可以分割出面积和形状适当的地块，为建筑布局创造良好的条件。因此，在小区规划的初期就应当对路网，尤其是小区干道线型作认真的设计。

小区内道路线型有环式（内环式和外环式）、半环式、环通式、风车式、尽端式和混合式等多种。采用何种线型，与用地周边交通条件、地形现状以及规划条件（主要出入口的数量、方向和位置）等有关（图3.9）。

道路线型设计对建筑布置、环境绿化和小区景观都有直接的影响。

一、线型与建筑布置

车行道对建筑群影响很大。由车行道围合出方整的地块便于整齐地布置建筑，形成规整的组团、院落，并保证建筑具有良好的朝向和环境的均好性，因而在强调南北朝向的北方和平原地区较多采用。在南方，住宅对日照依赖较少，更重视庭园的围合和园内景观，车行道安排较为自由。在山区、坡地，因地形限制，车行道应尽可能结合地形、沿等高线布置，以保证行车坡度、节省土方量。同时，顺应自然的线型设计也必然使建筑群的布置活泼自由，表现坡地建筑的空间情趣（图3.10）。

二、线型与居住环境

不同的道路线型对环境的气氛和舒适度影响也不同。线型规整的干道上，人与车辆运动速度相对较快，停留较少，气氛开阔奔放；而独立设置的人行道，尤其是林荫步道则自由许多，走向上一般是自庭园、组团向小区中心绿地和公共服务设施集中并通向小区出入口，可以与车行道并行（部分人车分流），也可“背道而驰”（平面完全人车分流）。人行步道线型自由，宽窄不限，人们在步道上运动速度慢，悠闲自在，从容放松。尤其是主要供居民晨练和休闲散步的林荫步道，完全可以“另辟蹊径”，以自由的线型将各组团和景区串联起来形成系统，为人们提供更为惬意的休闲与交往空间（图3.11）。

三、线型与景观环境

道路线型是构建小区景观环境的重要手段。直线型道路景深大，路旁建筑多表现出明显的节奏、韵律，易于形成较为庄重和壮观的气氛，但需注意沿途空间的收放，避免单调、呆板。曲线

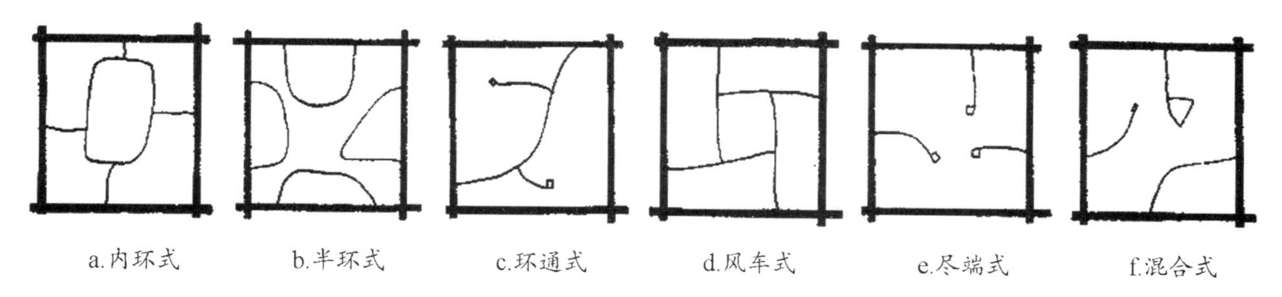

图3.9　小区路网的基本形式

小区筑路的形式取决于用地周边城市道路条件、地形和区内交通组织等因素，并对小区建筑布置和景观环境、人车分流等方面有直接影响。

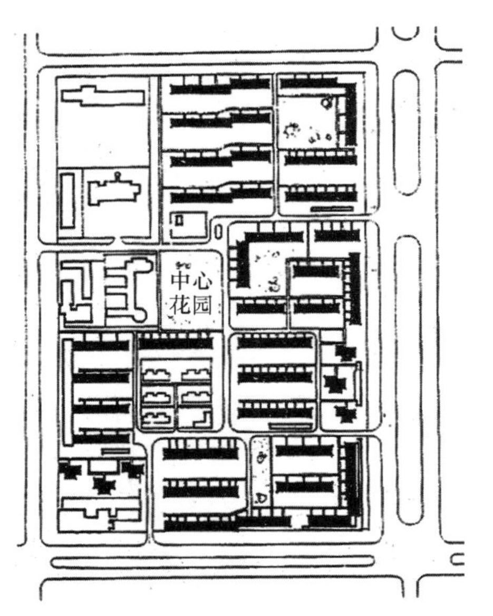

a.直线型（包头友谊小区）
组团方整，有利于争取好朝向。

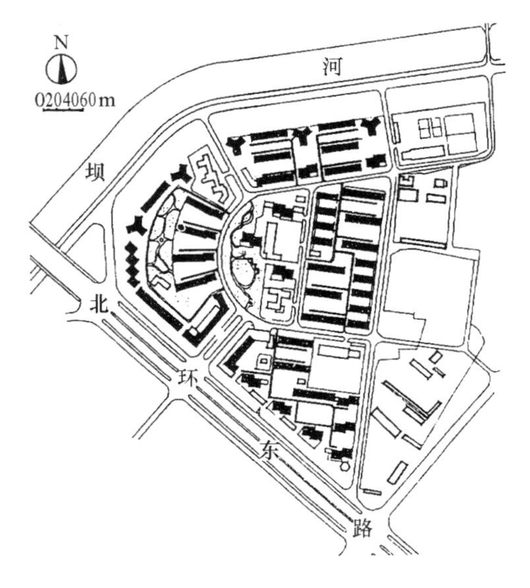

b.曲线型（北京西坝河小区）
道路通而不畅，有利于区内安全和形成丰富的道路景观。

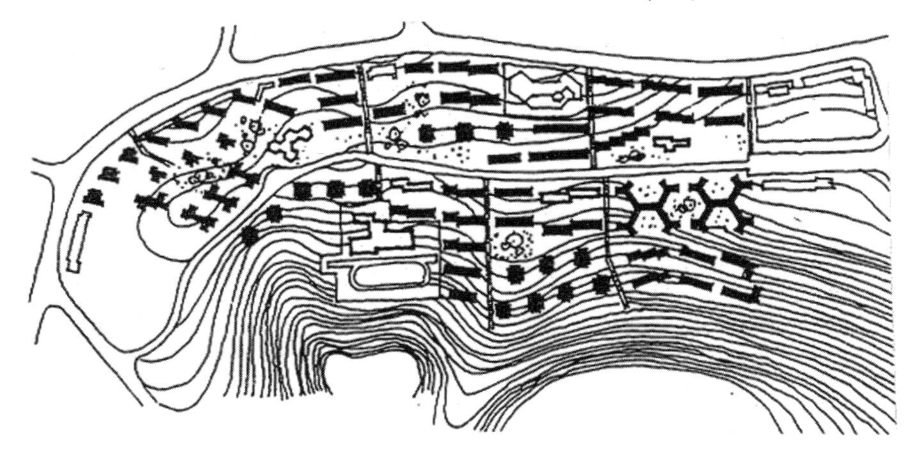

c.山区型（自贡金钓湾小区）
道路与建筑沿等高线布置，线型与建筑形式活泼，有利于利用地形、保护生态，营造自由、生动的山地风貌。

图3.10　线型与建筑布置

图3.11　林荫步道

林荫步道主要用于人们休闲散步、晨练交往等用途，线型自由，宽度、坡度少有限制（当有台阶时宜辅以坡道）。住区中常用林荫步道将各景点和休闲设施联系起来，成为提高居住环境质量的重要措施。

型道路可形成活泼多变的景观，“步移景异”，在降低车速、减少司机疲劳的同时丰富小区景观环境。

线型对景观的影响，我们将在本书第四章有关道路景观部分中进一步讨论。

第五节　停车场（库）设计

20世纪80年代以前，小区停车场设计未被重视。90年代以后，私家车数量猛增，停车场设计成为新建小区必不可少的内容，已建成小区也因车辆增多而面临改造。传统的小区规划中停车泊位数按规范要求只要不低于住户的10%即可。虽然后来在设计中都提高了比例，例如北京望京某小区提高到了30%，但真正建成入住后，车辆拥有率达到120%。道路、草坪停满了汽车，小区环境不得不重新设计。近年来，北京新建小区停车位（尤其是郊区新建小区）要求达到100%，而实际上甚至达到了150%。这种情况并不奇怪，在远离城市中心区购房的大多是年轻的上班族，或是正为事业成功打拼的人士，他们工作繁忙，生活紧张，拥有私家车成为在新区购房的必要条件。尤其在城市公交建设滞后的情况下更是如此。于是停车场（库）设计成为新建小区的重要内容。

停车场的规模由停车泊位数决定，而泊位数视不同地区发展水平和预计私家车拥有比例在任务中确定。一般来说，老城区公交相对方便，私家车数量较少，而新建小区尤其是郊区私家车数量多，在高档别墅区甚至每户应有2个车位。

公共建筑所需车位一般按每万平方米配备多少车位计算决定。例如，近年来北京市对公共建筑按每万平方米80个车位计算。

停车场的形式可分为地上停车场、地下（或半地下）停车库等。

一、地上停车场

在私家车较少的地区，停车与绿地的矛盾以及安全问题并不突出，以地上停车为主。在大城市新建小区中，停车与绿化争地，且小区安全与环境问题突出，故要求地上停车不超过住户的10%，其余大部分车辆停在地下。但因基数大，仍有大量汽车需要在地上停放，因此，地上停车成为一个普遍存在、需要妥善解决的问题。

地上停车可分为以下几种情况：

（1）在小区入口设集中停车场。可以辟出独立地段，设独立的停车场，并以绿化围合，尽量减少驶入小区内部的车辆和对住宅的干扰。需要注意的是，小区各主要出入口均应设有集中停车场，以便均衡服务，并且应将住户到停车位的距离控制在150m以内，以方便住户。也可以从小区入口开始，利用建筑退红线的距离，沿小区外围环形通道（通常兼消防通道）外侧布置停车位。集中停车的优点是节约用地，车辆距住户较近，分布均匀；缺点是较为分散，停车条件差，不便于集中管理。

（2）庭院内或宅旁停车。这种方式就是在庭院中沿组团道路或宅前小路局部拓宽，开辟少量停车位，以解决少量用户和临时来访停车。这种方式适用于人车混行和人车部分分流系统。这类车位一般应沿住宅阴面道路或在住宅山墙一侧布置，尽量减少对住宅（阳面）主要房间的干扰。当为尽端式道路时，应在端部设12m × 12m的正方形或直径为12m的圆形回车场（图3.12）。

（3）公共建筑附属停车位。公共建筑附近必须设置足够的停车位，以满足居民购物、休闲娱乐、接送孩子等临时停车需要。由于私家车的增加和孩子择校跨区上学，近年来一些小学门前堵车现象越来越多，类似情况在老城区更为严重。因此，在新建小区规划时，小学、幼儿园门前必须设置停车位，并考虑必要的场地供家长等候孩子放学临时停车。这些场地应有绿地遮阴，并且不妨碍行车。家用汽车的增加和择校上学原本就增加了城市交通的负担，一些小学又从交通安全考虑要求必须有家长接送，就更增加了交通的负担，几乎成了恶性循环。这种现象固然与教育体制等问题有关，作为社会现实却也是规划设计所面临的必须解决的问题。

当商业服务类公共建筑采用步行街形式布置时，停车场应在步行街范围以外。当然，商业店铺后面应留有供进货和内部使用的通道及专用停车场地，避免与客流

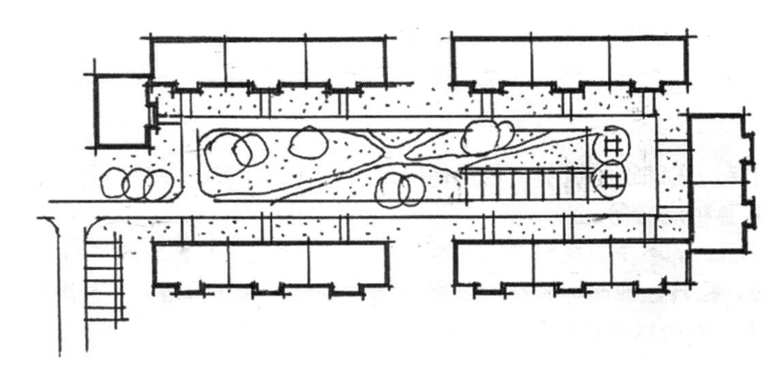

图3.12　宅旁停车

宅旁设少量车位，以解决来访、搬家、救护等临时停车是必要的，但应将对居民的干扰降至最低，一般应布置在靠近住宅阴面或山墙一侧。

交叉，并应与住宅等有所隔离。

（4）其他地面停车方式。其他地面停车方式还有多种，可因地制宜采用。例如，建筑底层架空停车、利用地形高差作半露天停车以及地面立体机械停车等。

地面停车场宜采用透水砖或草坪砖铺砌。为避免阳光暴晒，可做成绿阴停车场，或以3~4个泊位为一组，用绿化树池隔开，使树冠可以搭接呈郁蔽状态，以增加绿化面积、改善环境（图3.13）。

二、地下停车库

由于城市用地紧张和汽车数量剧增，规划部门要求一部分或大部分汽车停在地下。由此，地下停车库就成为新建项目必不可少的部分。按有关规范要求，居住区地面停车位不宜超过居住户数的10%，为保证小区内安静、安全、少污染，大量私家车也要进入地下停车库（图3.14）。

（1）全地下停车库。大型公共建筑、商业街以及高层住宅区多设一层或二层全地下停车库，但布置位置不尽相同。大型公共建筑或广场下因柱网规整、柱间距大，便于地下停车。例如，8~8.4m柱网，柱间净空可达到7.5m，可停3辆车，而该柱网在地上标准层正相当于两间客房的开间尺寸，因而地上、地下均可得到充分利用，经济效益好。

但住宅地下柱网密集、不规则，而且管道多，并有电梯间等，可供作停车泊位的面积很少，不好利用。因此，组团内地下停车库应选在宅间空地下面，而住宅下面可作为其他辅助用房。车库与住宅地下电（楼）梯间可以地下通道相连，以便住户可直接从单元内下到地下车库。

庭院下停车与地面绿化设计有关。当种植草皮、花卉、灌木时，覆土厚度60cm即可，但若种植大树则需要覆土3m。这时整个停车库地面标高需降至室外地坪下4~5m，除非将大树布置在停车库范围以外或对树下进行专门树坑设计。

全地下停车库对设备要求高，如通风、消防等。车库净高不应小于2.2m，超过50个泊位时要有两个出口。库内任一点距人行出口不能超过40m，并需配备相应的照明、排水、报警和自动灭火等设施。

（2）半地下停车库。半地下停车库埋深浅露出地面1m多，可开窗解决通风采光问题，消防问题也相对简单。同时，因埋深浅，车库出入口坡道较短，占地少。车库顶板仅露出地面1m多，仍可作为休闲活动与儿童游戏场地，通过室外台阶下到地面或以“天桥”与住宅二层相连。这种形式对人的视线遮挡不大，造价也会比全地下停车库省一些（图3.15）。

（3）停车楼。在用地十分紧张而又停车量大的情况下，有时可采取地面停车库与地下停车库结合形成多层停车楼。当地面只有一层时，其上也可做成屋顶花园，以廊桥与住宅楼二层相连。当为多层停车楼时，其首层沿街可辟出一部分作商业用房。不过这种形式其上部多层利用率不高，因而较少采用。人们大多还是喜欢地面或地下停车，而且越近越好。

停车库建筑面积（包括停车位和通道）可按25~30m²/辆估算。坡道长度取决于坡度，直线型坡道最大为12%，曲线型为10%。车道宽度不小于5.5m，转弯处还需加宽。最小转弯半径为6m。

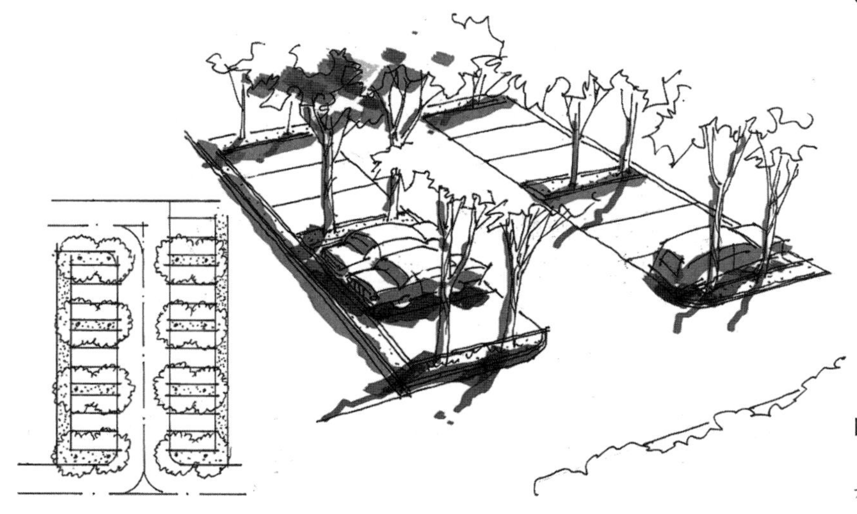

图3.13　地上停车场（绿化停车场）

车位成组布置，中间设树池，形成绿化环境。

图3.14　地下停车库

地下（或半地下）停车库是住区规划中必备的设施，其入口与道路间的水平段不小于7m，入口处净高不低于2m。

图3.15　半地下停车库

半地下停车库有利于通风、采光，设备简单，且顶部仍可作为场地使用，较为经济实用。

第四章　景观系统规划设计

随着社会经济的快速发展，房地产业的设计与经营在不断地变化。到了20世纪90年代，我国住宅设计已相当成熟，小区规划和设施水平有了很大提高。在生活逐步富裕、居住条件已基本得到满足的情况下，人们对居住外环境提出了更高的要求。由于居住者的精神需求和开发商经济利益的双重驱动，因此景观设计被提到了空前的重视程度，不仅新建项目景观设计必不可少，已建成项目也纷纷补作景观或加以改造。在东南沿海经济发达（特别是对日照依赖性不强）的地区，人们对庭园环境和外部景观的关注程度甚至超过了对朝向的要求，从而在很大程度上影响了规划布局。因此，景观设计作为规划设计的重要组成部分必须认真掌握。

第一节　景观的概念

什么是景观？按一般的理解，人们所看到的一切，都应称为景观，这当然没错。但我们这里所讨论的景观，特指室外环境中经过规划设计所形成的，具有赏心悦目的形象、能诱发良好心理感受的视觉对象。这里既包括人工景物，也包括有意摄取（作为借景或对景纳入设计）的外界景物和自然风光，亦即室外空间形象的总和。

这里有以下几点需稍加解释：

（1）关于室外环境。这里所说的室外环境，也包括那些处于过渡状态的"灰空间"或"模糊空间"，例如门廊、过街楼、架空层等。此外，从视觉空间的连续性来看，设计范围甚至边界以外的建筑或景物，凡可参与到"画面"中的因素，都应视为室外环境的一部分在设计中加以考虑。其实，室内环境、室外环境、区域外环境三者间从地面权属方面来说是可界定的，而从视觉的连续性方面说它们是不可分割的（图4.1），只不过我们所接受的"任务"是中间一段（室外环境），而考虑问题却不能局限于此。这种关系我们从中国古典园林和现代的香山饭店设计中都可以感受到。"窗含西岭千秋雪，门泊东吴万里船"，正是这种景观连续性的绝妙写照（图4.2）。

（2）关于规划设计。只按规划条件（如日照间距、建筑限高等）所摆布出的建筑或组团空间自然也有形象，但往往只是一种自然生成式的基本形象。而景观设计应当是在此基础上有明确意图的深化设计。这就需要对已有的视觉对象进行某种必要的调整和处理，例如采用加法、减法或添加其他元素，使之真正成为能给人以积极心理影响的环境形象。总之，景观要有设计，而不是对规划对象作简单的自然主义的表达。这也正是为什么许多项目已有了规划，甚至已经建成又要补作景观设计的原因（图4.3）。

（3）关于形象的总和。景观具有高度的综合性。一方面，景观构成是多元的，即凡可进入视线的建筑、植物、水体、小品、市政设施以及作为背景的自然景物等都将无可回避地介入景观设计中；另一方面，即使只作为其中一部分，也要将其放在所在的真实环境中进行综合分析，

图4.1　景观空间的连续性（上海东安公园）

设计用踏步将人的活动和视线从一个空间引导到另一个空间，很好地解决了景观空间的连续性。

图4.2　对景与借景（无锡锡惠公园）

对景与借景是中国传统建筑特别是园林建筑中常用的手法，对于丰富景观层次，提高观赏价值十分有效。

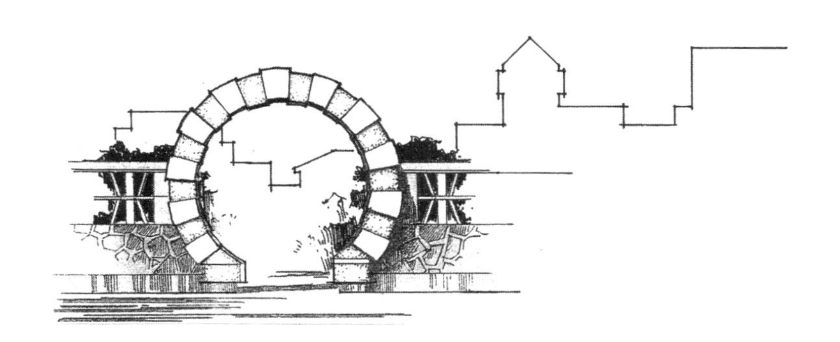

图4.3　景观形象规划

景观的风格、形象，包括天际线、景观层次从小区规划一开始就应该有所考虑。

不能孤立设计，并要对最终效果甚至随季节产生的色彩变化都有所预见。

从设计过程说，景观也不是孤立的，景观设计的概念应贯彻于整个规划设计的过程中，而不能作为不得不做的一点“涂脂抹粉”式的后补。只有从规划一开始就有景观的创意伴随其中，景观设计才有深化的基础，整个小区才能有一个完整而和谐的面貌。

第二节　景观规划设计原则

景观规划的重点是景观的结构分级以及景观点、线、面的布局和总体风格的确定。这些工作应结合建筑与交通系统的布局在规划前期就同步进行。而景观设计是在景观规划的基础上进行具体而形象的深化设计。

景观规划设计总体上应当依据环境条件和人的行为规律，遵循以人为本、形式与功能相统一、以形象创作为主的原则。景观规划设计重在形象，但也不能忽视场所功能。无论是信步游览还是驻足观赏都需要为人营造必要的场所和空间环境。“中看不中用”、“可望而不可及”都是不可取的。具体说，应遵循以下具体原则。

一、系统化原则

景观规划设计的系统化原则有三个层次：

（1）分级。小区景观中各景区、景点应依据功能的不同有相对明确的分级。一般小区主要景观依建筑规划布置分为三级，即小区中心（小游园）、组团中心（组团绿地）和宅间（庭院）绿地。它们之间既有功能上的区别、空间上的分隔，同时又有功能与空间上的联系。其公共性递减而私密性递增。往往是庭院围绕组团，而组团又围绕小区中心，三级景观呈放射状的图解关系。当然，在上述三级（按建筑规划也可能是两级）景观以外，还有一些如小区的出入口、道路交叉口、独立小品等景观点，共同形成规模与层次分明的景观布局（图4.4）。

（2）路径。从小区入口到小区中心、组团中心、庭院绿地直到住宅是由外到内、由城市到家庭、由公共到私密的一个循序进入的关系，必须路径清晰，符合人的行为规律，使人在欣赏景观或参与活动的过程中自然地达到行为目的。这就需要处理好景点、景区与道路的关系，避免孤立、无序的布局。

（3）表现。一个小区的景观设计，在材料、色彩标识、设施小品和形象符号等元素的运用中要有一些统一协调、贯彻始终的东西，让人感到是一个风格统一的整体（图4.5）。

二、综合化原则

综合化原则一方面是要将功能与形象设计综合考虑，景观设计实际是室外活动的场所设计，因此，必须满足场所活动功能（如休闲娱乐、体育健身、人际交往、艺术欣赏、购物消费等）需要；另一方面是景观形象的构成要调动各种手段与要素，建筑造型、绿化种植、山石水体、场地铺装、雕塑小品、市政设施以及经过包装设计的工程构筑物等都是可以利用的景观元素，可以因地制宜有所侧重，但不应单打一。当然，景观元素必须在环境资源条件允许的前提下合理选择、适度利用（图4.6）。不顾资源条件，例如在缺水地区大造水景，显然是不可取的。

三、立体化原则

景观设计是三维空间设计，

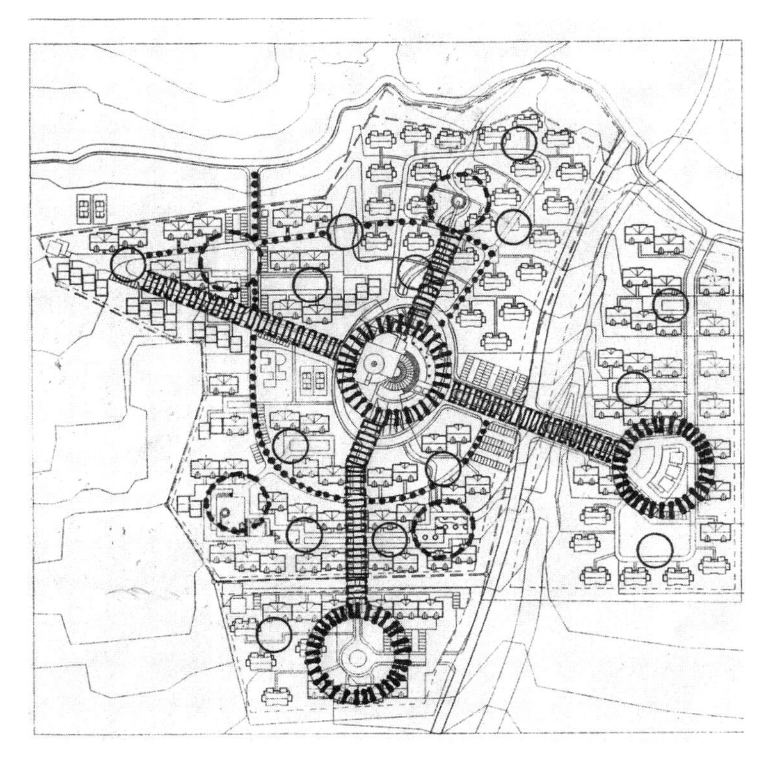

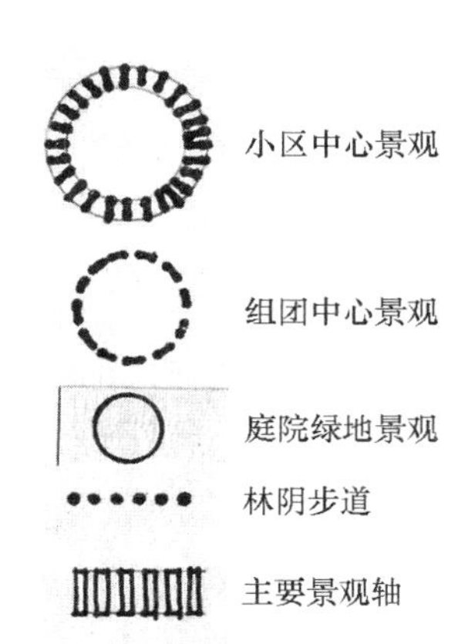

图4.4　景观系统（山东龙泽苑小区）

小区中心、组团中心、庭院绿地三级（或两级）景观由景观轴和林荫步道连接成层次分明、井然有序的景观系统。

图4.5　景观系统的统一协调

保持小区景观系统风格的协调和完整性，有赖于一些可识别的要素。例如，统一的青石铺石构筑、石刻造像以及重复出现的造型符号、协调的色彩和有规律的绿化配置等。

图4.6　景观的综合化

景观环境是由建筑、绿化、水景、场地以及建筑小品等各种元素综合构成的，只是在不同的空间环境中重点可能有所不同。

图4.7　景观的立体化

景观是三维的立体图像。有些设计只注重平面的图案效果而缺少空间的起伏变化，从而导致景观环境平淡而空旷。

而一些初学者往往只注重在平面上做文章。图面看上去很花哨，细琢磨却缺少空间效果。铺地、低矮的花坛、花卉纹样等只有走到近前或在空中俯视才能得到完整的印象。而人通常是在地面上活动，如果缺少立体的设计（如空间构筑物、雕塑、树木、标高变化的地台等），就会一眼望去，空空荡荡。空间无对景，视线无着落，地面与高楼之间缺少过渡、衔接生硬，景观效果就会大打折扣。解决的办法是在考虑景观方案时，心中一定要有空间形象的概念，并且多做剖面或街立面分析（图4.7）。

四、生态化原则

景观是为人设计的，必须尽可能为居住者创造良好的生态环境。在居住区中，建筑是主体，加上大量的路面、停车场和设施占地，所剩面积不多，城市的不断扩张和大量的汽车尾气排放、空调散热等造成了严重的城市“热岛”效应，环境日益恶化。为了改善住区小气候、创造宜人的生存环境，在景观设计中应控制硬质铺装（必要的场地、甬路除外），尽量加大绿化面积，保留天然水体，将园林绿化作为景观设计的主要手段。对于可以利用的自然地形、地物，应尽可能加以利用，提倡依山就势。避免大填大挖和破坏生态环境。在建筑设计中创造条件，进行墙体和屋顶立体绿化和覆土种植，提高绿化率。在干旱缺水地区提倡收集雨水，在大型工程中发展中水系统，以增加绿化和景观用水，实现节水的目的（图4.8）。

五、地域化原则

作为广义建筑学的一部分，景观设计较之一般建筑设计和城市规划其文化含量更高，应更多体现地域特征。首先，建筑、小品、景观构筑物的构图、造型、色彩和传统符号上应体现地方特点和民族特色。其次，建筑材料的运用、树种的选择必须适应地方自然条件和气候特点。此外，地方风土民情、文化遗存甚至历史事件、民间习俗、传统工艺等都可成为景观设计的资源（图4.9）。

景观设计是营造供人参与其中的环境，是自然与人文相结合的艺术。中国传统园林讲究可住、可赏、可游，诗词书法、绘画雕塑、匾额楹联无一不融汇其中，甚至植物也被拟人化，赋予不同性格。中国的造园艺术不仅与西方理念、手法上大不相同，即使国内各地也其趣各异、特色鲜明。传统园林到今天已摆脱为私人享用的属性，开始走向大众，为社会服务，但因地制宜、与传统文化密切结合、体现地域特色的特点应当充分借鉴和发扬（图4.10）。

图4.8 利用地形与立体绿化

提倡利用地形、减少土方量，保护生态环境。同时，因地制宜，巧为因借、多层次立体绿化也是营造入画景观的重要手段。在住区公共建筑与景观设计中尤其需要用心创作。

图4.9 景观的地域化

建筑形式、色彩、自然风貌及地方风情习俗等共同构成了景观的地域化特征。

图4.10 传统文化的体现

相较于住宅及一般公共建筑，在园林和步行街等近人尺度的景观环境中，传统的建造形式和文化特征更容易得以体现。

第三节 景观元素

一、建筑与构筑

建筑与构筑是最重要的、最基本的景观元素。在住区环境中，由住宅围合出的空间成为景观设计最基本的环境条件：建筑的围合方式决定内部景观空间的形态、比例和尺度，建筑的顶部轮廓是景观的天际线；建筑的立面成为景观的背景；建筑的色彩决定着环境的主色调；而设计精美的会所等公共建筑本身往往就是景观的中心。因此，可以说，自建筑规划与设计一开始，就已经同时在塑造景观形象。

建筑为人提供使用空间，景观环境中没有建筑，人则无法停留。在园林和自然景观中，亭廊、水榭等建筑小品既是人们驻足赏景的去处，同时也以其造型与风格发挥重要的点景作用（图4.11）。

图4.11 建筑景观

建筑是景观诸元素中最重要、最稳定的元素。可以说，自建筑规划与设计一开始就在塑造景观形象，并为最终风格定下了调子。

构筑物一般是指不直接为人使用的工程建造物，例如烟囱、水塔、管道支架等。这些构筑物的设计主要取决于技术要求，但无论它们与主体建筑相结合还是独立于环境中，都会以其体量和形象参与到景观元素中来。对构筑物认真进行形象设计或巧妙地加以利用，可使其成为积极的景观元素，甚至成为重要的标志物，例如著名的科威特水塔成为国家的形象标志（图4.12），位于北京的CBD区中的热电厂烟囱通过国际招标进行改造，都是构筑物作为景观元素加以利用的典型实例。

二、场地与道路

场地与道路是供人们活动、交往、休闲、健身的室外开敞空间，是景观诸因素中功能性最强的部分。

人在环境中活动需要相应的场地，功能、对象不同，所需场地的大小、位置、形式也不同。景观设计中要在分析人的行为规律的基础上安排适当的场地。

图4.12 景观构筑物（科威特水塔）

科威特水塔以其简洁、明确的形象成为国家标志的景观。

休闲健身场地是最常见的场地，可供老人晨练交往、中年人跳舞健身、青少年打球滑旱冰等。一般为硬质铺装，周边绿化并设休息坐椅。

儿童游戏场地是组团中心和庭园绿化中必备的场地，应配备儿童游戏设施、沙坑和浅水池等（图4.13）。儿童游戏场地需配有坐椅和垃圾桶，以备老人或成年人照顾儿童时休息和投放废弃物。

休息晨读场地一般设在宅间绿地或组团绿地中，面积不必很大，可分散灵活布置。其形式可为半围合绿化环境或林下铺装，应设休息坐椅，以供晨读、静思或交友聊天，属室外环境中的半私密空间（图4.14）。

公共活动场地如会所附设的露天舞场、网球场、商业建筑前的广场、小区中心绿化广场及小区出入口广场等。这类场地供居民休闲、社区活动、健身娱乐、日常购物和交通集散等，属公共活动空间。公共活动场地为小区景观设计的重点，内容较为丰富，地面铺装、水景、雕塑、灯光、园林绿化等应综合配套设置（图4.15）。

其他场地还包括公共设施内部工作场地和停车场等。其中公共停车场也属于公共活动场地的一部分，应与公共场所（如小区中心、商业街、小区出入口等）景观统一规划。

场地在室外环境要素中功能性最强，除提供各种有效活动场所条件外，也为建筑、景点、雕塑等艺术品提供了必要的观赏距离与空间，成为整体景观不可分割的一部分。同时，通过精心设计的铺装、绿化、地面起伏和小品灯饰等的配合，场地本身也可成为富有表现力的地景。尤其是在高层住宅小区，这种场地景观

图4.13　儿童游戏场

儿童游戏场不仅是孩子们的乐园，也是以小孩子为媒介，促进成人交往的场所。

图4.14　休息晨读场所

休息、晨读与静思场所必不可少，应为优美、静僻的环境，与喧闹的游戏场所和商业设施有所隔离。

图4.15　露天舞场

与会所或小区中心绿地结合的健身场地，为居民的文化生活和交往提供理想的场所环境，也是小区景观设计的重点。

图4.16　道路景观

道路将各景点、景区连成系统；不同线型的道路具有不同的景观特征，或庄严或婉转，“步移景异”。道路景观设计是住区规划设计的重要内容。

（包括底层建筑的屋顶花园）对于居住在高层的居民来说，其俯视效果十分重要，需要精心设计。

道路在景观系统中是不可缺少的元素。一方面，道路在各景点、景区中起引导和联络作用，使之成为系统；另一方面，其本身也具有独特的景观效果。“步移景异”是道路景观所特有的动态特征（图4.16）。

不同线型的道路景观效果也不相同。直线形道路景深大，两侧建筑往往具有明显的次序和节奏感，景观倾向雄伟、庄重；曲线形道路沿路景观变化丰富，因曲线造成的视线遮挡有利于降低车速，使人可以从容浏览沿途风光并对前景充满期待感。曲线形道路不仅较直线形道路感觉轻松，有意安排的线型还能使人产生某种联想，从而为景观增加一些吉祥的含义（图4.17）。林荫步道线型宽度、坡度均不受限制，自由而幽静，沿途可布置坐椅、花架和适于近距离观赏的雕塑小品，休闲气氛浓厚（图4.18）。

道路与广场是人群集中的场所，以硬质铺装为主。设计中常常做出各种拼花图案，在选材上应以天然石材和易透水的人工材料为主，除喷泉、旱冰场和舞池外应尽量避免使用磨光材料，注意防滑。

三、绿化与水体

（一）绿化

绿化种植在景观设计中是最基本的、具有量化指标的要素。尤其是在建筑与规划已定再做景观设计的情况下，绿化种植更是设计的主要内容。对于居住小区，绿化率一般不低于30%。由于同样具有美化环境和改善小气候的作用，景观水体可计入绿化面积。

绿化是美化环境的最基本的手段。古树和设计良好的种植可以独立成景，也可以与建筑一起形成良好的构图。绿化可以调整建筑与地面的关系，柔化空间，增加景观层次；绿化可以遮蔽丑陋，强调重点，指示导向；绿化可以围合和分隔空间，可以阻隔视线干扰，增强私密性；绿化还可以随季节变化，使住区环境色彩更为丰富。

绿化具有重要的生态效应，

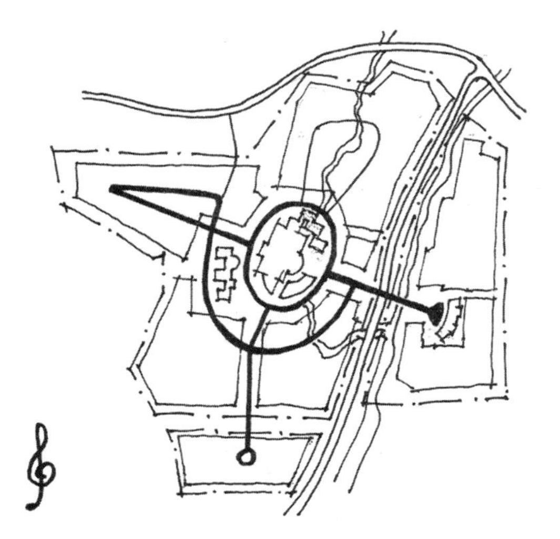

a. 孔孟之乡的居住小区——“礼乐”(山东)

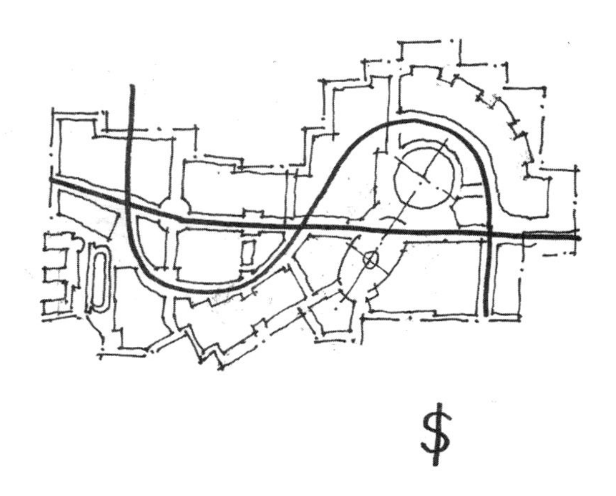

b. 温州人聚居的商住区)——“财富”(江苏)

图4.17　吉祥曲线的联想

带有符号特征的道路线型具有一定寓意和象征性，但只能在符合交通功能和环境条件时适当采用，不可牵强附会。

图4.18　幽静的步道

步道可以与主路并行，也可以滨水而行或蜿蜒于绿树丛中。当其自成系统时，因线型自由和良好的绿化环境可成为休闲健身的好去处，对提升住区环境质量有重要作用。

是优化住区环境质量的根本措施。绿化可以增加空气含氧量，调节气温和湿度。夏季树阴下空气温度可比露天低3~4℃；绿化可以阻挡风沙、吸附尘土和有害物质而净化空气，当绿化率达到30%以上时，植物生长期内空气中总悬浮颗粒物可下降60%，二氧化碳可下降90%以上。

绿化可以遮阴，为人们创造舒适的生活环境。尤其是阔叶乔木，夏季遮阴，利于人们室外的休闲活动。对于西向房屋可减轻西晒，而冬季又不影响采光。

绿化还可以有效隔声，创造宁静的生活环境。乔灌草搭配的良好的绿篱一般可以降噪20%，尤其对于沿街建筑，9m宽乔灌混合绿化带可以降噪9dB，对防治城市噪声有重要作用。在小区内部商业设施和学校等周围以及住宅组团与公共设施之间布置绿化带都有利于减少互相干扰（图4.19）。

除上述视觉美化和物理功能外，绿化种植对于中国人还有其独特的精神功能和审美价值。自古以来，树木花卉就以其不同的习性姿态被赋予特定的性格，松的高洁、竹的潇洒、梅的傲雪、荷的出淤泥而不染……这种对植物的拟人化固然是文人的精神寄托，但对于现代景观创作中营造不同的环境气氛仍然有其独特的文化蕴涵和借鉴意义。

绿化种植规划首先应根据环境特征和功能进行布局，其次必须依据气候条件选择适宜的树木花卉和草种。而在具体的种植设计上，则要依场地功能对绿化种植的需要和造园种植构图的处理手法分别采取孤植、对植、列植、丛植、群植等配置方法（图4.20）。同时应注意，有价值的古树和现有树木应尽可能予以保

图4.19　宅间的绿化隔声

绿化除美化环境、遮蔽视线和改善局部小气候外，还可有效地阻隔、消减噪声，有利于形成宁静的居住环境。

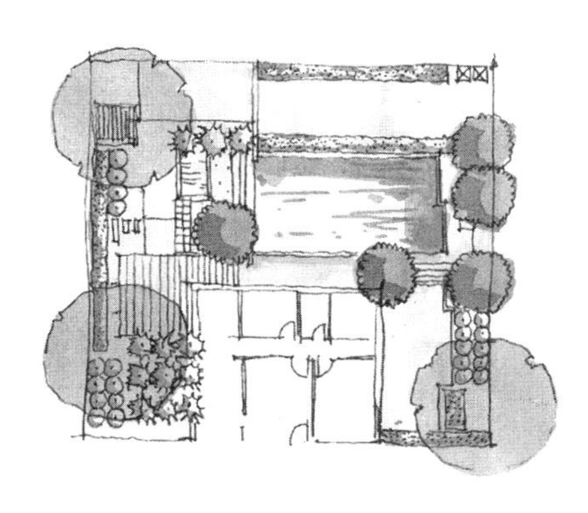

a. 与建筑、道路、场地形成完整构图的绿化种植

b. 利用沼泽、水面体现湿地景观特色的绿化种植

图4.20　绿化种植

绿化种植是营造景观环境的主要手段。除改善生态环境外，对景观构图、体现地域特色都具有不可替代的作用。因地制宜的选择适宜的品种和进行绿化配置是基本条件。

留、利用；在不同的场合应注意选择姿态适宜的品种，并考虑其色彩随季节变化的景观效果；在儿童游戏场周围应避免种植有毒、有刺的植物，以免伤及儿童。

（二）水体

水是重要的景观元素，经过设计构成景观的水体则成为水景。在造园时，人的亲水特性决定了无论中式还是西式园林都将水作为重要甚至核心的因素。

水景可以分为动态水景、静态水景，而多数为动静结合的水景。平面水景则分为规则水景、自然水景和规则与自然相结合的水景。不同形态的水体具有不同的表现力，从而可以营造出不同的环境气氛。湖的明净，潭的清幽，涧的深邃，溪的婉转，流的欢畅，泉的奔涌，瀑的壮观……水的这些不同的性格特征有利于塑造不同的景观环境。中国传统园林中就常以水面为中心将临水的轩、榭、亭、阁与山石、花木组织成一个整体，形成小中见大、趣味无穷的园林景观。中西式园林水景做法多有不同，西式水景多用规则几何形水池、跌水并与雕塑相结合；而中国传统园林讲求师法自然，“虽为人作，宛自天成”，这与中国传统的“天人合一”的哲学思想有关。采用何种形态和风格的水景应视具体环境而定，并与建筑风格及所处环境气氛相关（图4.21）。

水是有灵性的，有水则活，尤其是水还具有调养心神和改善气候的重要作用。但用水需视条件而定。江南水乡烟波浩渺，而阿拉伯园林则惜水如金，盖因条件不同。比起植树、堆山，理水更加依赖于环境与资源条件。天然水体应尽量加以改造利用，而在缺水地区则不宜大造水景。在现实中，北方一些地区不切实际地大造水景，结果因水源不足和电力紧张，常年不能开动，出现许多名副其实地“旱喷泉”、“枯山水”，教训深刻。

四、小品与雕塑

小品原属一种文体的名称，泛指随笔、杂文一类的小文章。借用到建筑上，小品则是指主体建筑以外具有观赏意义的小建筑或艺术构筑物。

小品大体可分为以下三类：

（1）功能性小品。这类小品包括亭廊、花架、桌椅、售货亭、果皮箱、庭园灯、儿童游戏设施等。这类小品除设计上要新

a. 西式水景

b. 中式水景

图4.21　中、西式水景比较

西式水景以规则几何形为主，人工痕迹明显。中式水景则崇尚自然。在现代建筑中，中、西式水景手法渐趋融合。

颖美观、符合人体功能外，在布置上应符合人的行为规律，放在合适的地方。例如，供老人休息的花架、坐椅应设在冬季可晒太阳、夏季又有遮阴的地方；儿童游戏的器械、沙坑等不能离家太远，又应避开车道，还需与绿化、场地很好的结合。

（2）观赏性小品。例如花坛、水景、山石、装饰墙、纪念柱等。这类小品以装饰作用为主。因此，其造型设计很重要，特别需要注意与周边建筑风格的协调、比例适度，切忌过分堆砌。同时，也需注意留有必要的观赏空间，并与功能性小品统一规划布置（图4.22）。

（3）市政性小品。这类小品是市政或室外工程的一部分，为工程中必不可少的组成要素，例如入口标志、围墙、栏杆、台阶、挡土墙、蓄水池等。这些设施虽属工程构筑物，但只要精心设计，也可以成为具有审美价值的艺术品（图4.23）。

居住小区的景观小品主要是功能性的，与日常生活息息相关。即便是以观赏和装饰为主的景观小品也常常具有实用价值或可以与实用相结合。因此，在规划设计上应强调其功能上的合理性。例如，园路的铺砌需符合居民出行路线和规律，而不是单纯追求图案的美观。从视觉效果方面说，小品摆放的位置、尺寸的掌握、风格的协调都需要精心推

a. 构架

b. 水景

c. 栈道

图4.22　观赏性小品（深圳广博星海华庭）

观赏性小品可以是构架、水景、栈道等，多与绿化、铺装等相结合，以营造环境气氛为主，同时具有一定功能性。

敲。某些小品（如亭、榭、廊、桥、门楣、碑石等）也是诗词楹联、碑刻书法等传统文化常常借以点题的地方，这就更需要在整体格调上恰当地把握。

雕塑属于纯艺术，在环境小品中占有特殊的地位。雕塑在景观设计中往往处于视觉的焦点、起到画龙点睛的作用。现代雕塑风格与建筑一样，也趋向多元化，不仅有具象、抽象的，也有介于具象与抽象之间的，例如实体与镂空结合的，借鉴剪纸和编织的，更有利用废弃金属部件组合而成的作品以及风动、水动装置等。

自20世纪90年代城市雕塑兴起，已涌现出了不少优秀作品。但存在问题很多，主要是许多社区中的雕塑粗制滥造、形象丑陋，环境雕塑与架上雕塑不加区别、尺度不对、随意摆放，许多不得不进行整顿或拆除。

景观设计中运用雕塑宜少不宜多，应当制作精美、布置妥当。较大的公共空间，可重点布置一些具有教化作用甚至具有某种纪念意义的雕塑作品，而在组团和庭园内接近居民的环境中，内容则应侧重生态、亲情，因为营造温馨气氛的雕塑可能更受居民喜爱。设计新颖小巧、接近真实尺度的雕塑更易于接受，而材料、色彩和适当的观赏空间、场地与背景环境应统一考虑、周密设计（图4.24）。

图4.23　市政性小品

起伏的景墙蜿蜒生动，具有极高的审美价值。市政设施一旦巧为利用，便可成为一景。

图4.24　亲切的环境雕塑

符合生态的主题、近人的尺度，容易诱发心理的共鸣，从而产生亲切感。

第四节　小区景点

小区景点亦即小区公共活动空间。小区的主要景点一般由公共服务设施、公共绿地共同构成，成为小区居民户外活动和休闲交往的主要场所。

一、小区中心

小区中心是小区中规模最大、功能最完善、设施最齐全、服务于整个小区的公共活动空间。小区中心一般由小区级公共服务设施与小区级公共绿地组成，服务半径不宜超过300m。小区中心的公共服务设施包括文化休闲类设施（会所、文化活动室、休闲健身设施等）和商业服务类设施（超市、便民店、餐饮店、银行、邮局等），且以文化休闲类设施为主。这是因为职工买菜等日常购物活动更习惯于下班途中顺便进行，少走回头路。因此，一般商店多设在小区外围和出入口附近。而参与文化休闲类活动没有时间紧迫感，更适合在自由放松的绿地环境中进行（当然，在离退休人员比重越来越大的情况下，会觉得商店设在小区中心较为方便）。小区中心的公共服务设施种类不多，规模不大，且偏向文化休闲类，宜集中或联合设置，以形成体量，为小区中心的建筑景观设计创造条件。

小区中心绿地又称为小游园，设置内容以花木草坪、花坛水面、亭廊花架、儿童游戏设施等为主，并可适当点缀雕塑小品、灯光喷泉、配置音响设施等。园内要有功能划分，其中绿化面积不少于70%。

小区中心应将公共服务设施与园林绿地紧密结合，设计突出文化休闲气氛，形象愉悦时尚、色彩清新典雅，造型体现地域特色，具有一定标志性，成为小区景观的重点（图4.25）。

二、组团中心

组团中心是小区第二级公共活动空间，规模较小，服务对象为组团内居民，日常利用率较高。组团中心以绿化为主，适当布置老人休息和儿童游戏设施，例如花架桌椅、滑梯沙坑等。公共服务设施主要为组团居民日常必需的为主，例如小副食店、小百货日杂店（小超市）、居委会办公室及自行车存放处等。由于城市用地紧张，常出现规模介于组团和小区之间的居住组团，这时其公共服务设施也应根据周边设施条件适当增加某些小区级的设施项目。

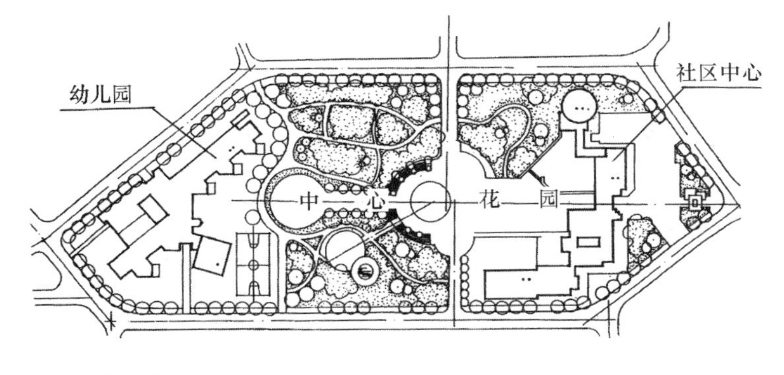

图4.25　小区中心

文化建筑与广场、园林相结合，共同构成小区的文化、休闲中心；场地与建筑、道路的布置与对景关系既严整又活泼。

组团级公共服务设施可以集中联合设置，并与组团中心绿地结合设计，这有利于丰富组团中心绿地的景观效果；也可利用周边住宅底层布置公共服务设施。组团公共服务设施的服务半径以不超过150m为宜。

通常情况下，一个小区分为若干个组团，各个组团在景观设计上应有所区别，各具特色，可识别性较强。组团中心绿地应与组团级道路为邻，有利于居民出入经过组团中心绿地享受到景观环境，增强归属感。在新规划的大型小区中，往往用绿地林荫道将各组团绿地和小区中心绿地串联起来形成开放的环形景观系统和健身步道，对美化住区空间和改善生态环境都十分有效（图4.26）。

三、宅间绿地

宅间（庭院）绿地是小区第三级公共空间和绿地，其规模更小，范围限于住宅间距，是以庭院各单元住户居民为服务对象的半公共、半私有空间。因外人较少进入，院内居民彼此熟悉，因此，庭院对院内居民来说是最具安全感、邻里交往最为频繁的地方，也是户外活动和儿童游戏的主要场所。

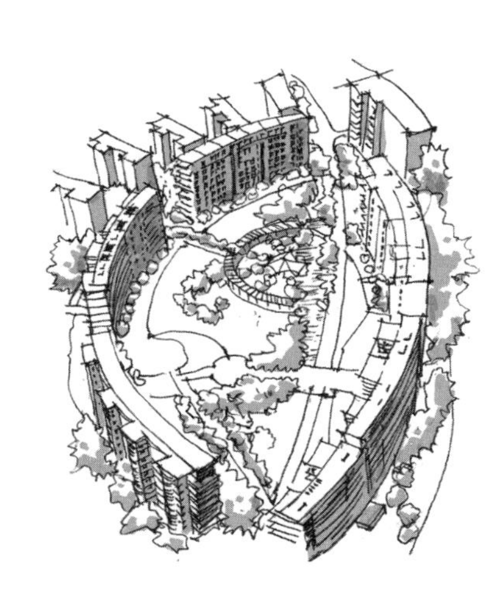

图4. 26　组团中心

组团中心是小区中的二级公共活动空间，为组团居民休闲和公共活动的主要场所，是小区规划的重点，既要各具特色，又须与小区中心相联系，形成完整的系统。

宅间绿地以绿化种植为主，自由布置，除为老人晨练、休息和儿童游戏的地面进行铺砌并设置坐椅、花架等简单设施外，没有更多的公共设施。庭院绿地通过宅间小路与各单元入口和底层私家花园相连，户内外活动频繁、邻里关系密切，归属感最强。

庭院绿地的设计虽然自由，但对人的活动场所和行为规律也应有所分析、布置恰当。常常有这样的情况，庭院中的铺砌和绿化单纯追求图案化而忽略了居民出行的路径，于是草坪种好不久即被人踩踏出“便道”来（图4.27）。此外，儿童游戏的场地应离开车行道，附近亦应设坐椅，供大人照料儿童。

从景观形象来说，宅间（庭院）绿地的绿化或小品设计应突出生态和亲情，尺度要亲切近人。在两排平行住宅间，庭院的远端应有花架、景墙、亭廊类小品或具有一定高度的观赏树木作为对景，以使视线上有所交代，增加庭院空间的宁静气氛与围合感（图4.28）。

小区中心、组团中心和宅间绿地是主要的公共空间，也是小区景观规划设计的重点。有的小区可能是两级结构而不是三级结构，但其层次关系总是存在的。其景观空间既有功能上的差异、空间上的分隔，同时又相互联系，形成有层次的景观结构。

四、小区出入口

小区出入口除了组织疏导人员和车辆的进出外，还负有管理和保卫的功能。从空间上说，它既是小区与外界环境分隔界面的一部分，也是沟通内外的连接点。设施上除设有供车辆和人员出入的栅栏门、电动门、警卫室外，还要有小区的名称标记、门

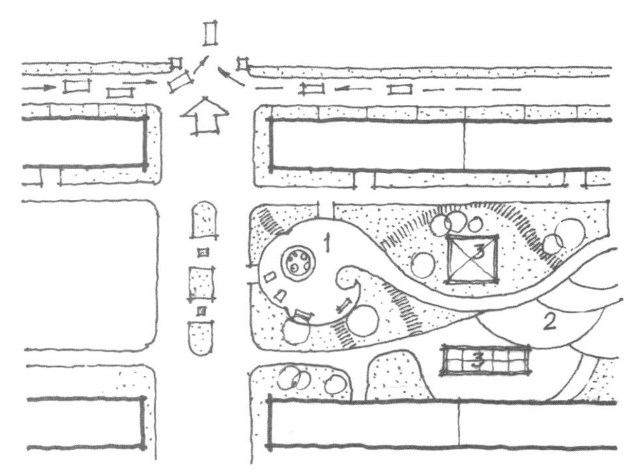

1—儿童游戏场；2—成人活动区；
3—车库采光顶；|||—踩踏路径

图4.27　庭院绿地与人行路径

某小区庭院绿化规划方案优美、功能完备。但因规划路径与人行轨迹不尽相符，急于出行的人往往抄近路践踏草坪、横穿儿童游戏场，绿化也难以维护。

图4.28　平行住宅的视线对景

平行布置的住宅，其室外空间容易失之乏味。尽端式住宅向内收拢或以公共建筑、景观构筑物作为对景，均可增强围合或形成完整空间。

牌号甚至邮编等。入口内外要有部分地上停车场或临时停车位以及足够的回车场地。

小区出入口（尤其是主要出入口）是小区名副其实的“门面”，是小区景观系统的起点。其风格应与小区建筑的总体风格保持一致，且具有一定的标志性。现实中小区出入口的设计多种多样。一些仿欧洲古典风格的入口往往采用对称式布局，将门廊、柱式、雕塑组合在一起，营造一种贵族庄园式的高贵气氛；另一些入口则是将门柱、山石、水景、绿化组织在一起，采用自由、平和、非对称的、亲切近人的形象设计（图4.29）。显然，前者是一种强调身份、将一般人拒之门外的高傲形象，而后者则是着意表现平易、舒适、放松和尊重生态的形象，因而也更具有平民意识，更符合现代居住理念。但也有相当多的小区入口仅仅是个入口而已，应付了事，亦无认真设计。

小区出入口既然是景观系统的开始，也就犹如乐章的前奏，需要认真谱写。无论是色彩、材料和造型语言都需要与整个小区保持协调。当然，它毕竟只是出入口，其主要功能在于组织交通，不是引人长时间留连驻足的地方，设计应以简洁、新颖为宜，不必过分张扬。

五、道路节点

当小区规模较大、道路较长时，道路的交叉点、重要拐点和标高明显变化的起止点往往可以构成景观节点。其作用可以是道路对景（图4.30）、方向引导标识、提示

图4.29　平易近人的小区入口

该入口景观强调生态环境而较少逼人的傲气，气氛较为平和。

图4.30　道路的节点与对景

道路的节点与对景是景观系统的重要组成部分，其构成要素可以是建筑小品、名木、奇石、灯具等。除供观赏外，道路节点也具有识别、指示与诱导功能。

或供人驻足休息、观赏等。节点的构成可以是亭廊、碑刻、雕塑、景墙、置石、名木、花架以及相应的铺砌、坎墙、绿化等。

与此类似的还可能有一些规划中保留下来的古树、古井、泉眼、奇石、遗迹等，它们或被组织到各级景观中，或单独存在成为独立景点。

以上这些点（节点、景点）、线、（道路、水系）、面（各级中心、集中绿地），共同构成了节奏鲜明、布局完整的住区景观系统。

六、商业步行街

商业步行街是一种特殊的公共空间和景观点。它们可能只有少部分存在于小区中。为了保持小区居住环境的宁静、便于居民上下班顺道购物和对社会服务，商业步行街常常布置在小区入口处或外围，但在规划设计时却与小区作为一个整体统一进行。

住区商业步行街规模有限，长度可不超过150m，宽度控制在15m以内，这样有利于从一侧看清另一侧商店的招牌和商品，便于往来购物。但商业步行街应位于居住区道路旁，并处于小区居民上下班的路上。商业步行街中间不允许机动车通行，因此，其背后必须有进货的通道，并且不干扰居民正常生活。

住区商业步行街建筑体量不大，布局灵活。店铺、绿地、小广场、景观小品可穿插其间，形成富有地方传统韵味的景观。尤其是临水而建的小商业街，商铺、古树、石桥、休闲绿地与传统样式的建筑相结合，可成为极具表现力的地域文化景观（图4.31）。

现将小区各级景观特征汇总于表4.1。

图4.31　水乡商业街

传统商业街因地域环境不同而呈现不同的建筑形象与景观风貌，但共同的特点是建筑体量小巧亲切，街的宽度适于往来步行，尺度近人，气氛和谐。这一点同样适用于现代住区商业步行街规划。

表4.1　　小区各级景观特征

级别	公共设施内容	绿地设施内容	设计要求	绿地最小规模（hm^2）
小区中心	会所（文化站）、超市、便民店、休闲健身设施、社区与物业管理、临时停车位	小游园：花木草坪、花坛水面、雕塑小品、儿童游戏设施、铺装场地、花架、庭园灯等	公共服务设施统一规划，尽量联合设置；园内要有功能划分，绿地面积不小于70%；与小区级道路相邻	0.4（服务半径500m）
组团中心	文化活动室（老年活动室）、小超市、日杂店、便民店、简易托儿班、居委会等	组团绿地：花木草坪、花架坐椅、简易儿童设施、庭园灯等	公共服务设施联合设置或利用住宅底层；绿地面积不少于1/3在建筑阴影线之外，绿化面积不少于70%；与组团级道路为邻	0.04（服务半径150m）
住宅庭院		宅间绿地：花木草坪、花架坐椅、简易活动场地	绿化为主，灵活布置；与宅前小路相邻	
小区出入口	保安值班室、大门、小区标志、临时停车场等	小区入口绿化、花坛或水景等	方便人员、车辆进出与管理，形象简洁，标识性强，与小区风格统一	
独立景观与道路节点	亭廊、雕塑、小品、奇石、古木、遗迹等	配套绿化、场地、铺砌	保持必要观赏距离与空间，有步行小路可到达	

第五章　技术经济指标

小区规划与建设质量的好坏，其衡量标准在于综合效益，其中包括社会效益、环境效益和经济效益。社会效益主要是看是否有效地解决了市民的居住问题。“住得下，分得开”是最基本要求；而住得舒适、居住水平适应经济发展水平并逐渐有所改善从而获得居民的满意和好评，是社会效益的主要标志。环境效益既包括为住区内居民提供良好的生态环境和景观环境，也包括与住区周边的自然和社会环境相协调，有益于优化周边环境而不是妨碍或增加环境压力，例如景观的协调和交通容量等。而社会效益和环境效益最终是要通过经济效益来实现的。经济效益不仅关系到开发商是否有利可图，适应居民的消费水平和物有所值，更体现为是否符合国家从国情出发所规定的各项技术经济指标。鉴于我国属于发展中国家，且人多地少，又要创造舒适、美观、安全、卫生的环境，因此，执行适当的户型标准、节约用地和提高绿化率就成为了技术经济指标的主要内容。

在规划开始前的准备工作中，根据任务书和规划条件的要求，已对住宅、公共建筑规模等做过粗略的计算，而按本章计算所得出的应是规划方案完成后的实际数据。这些指标数据综合反映了规划设计的技术经济成果，归纳成表5.1中的内容，亦应作为规划设计成果的一部分纳入设计文件中。

表5.1　居住小区技术经济指标

技术经济指标	hm²	%	m²/人
小区建设用地			
其中：住宅用地			
公建用地			
绿化用地			
道路用地			
总建筑面积（m²）			
其中：居住建筑面积（m²）			
公共建筑面积（m²）			
居住总户数（户）			
居住总人数（人）			
平均每户居住建筑面积（m²/户）			
其中：住宅平均层数（层）			
高层住宅比例（%）			
人口毛密度（人／hm²）			
人口净密度（人／hm²）			
住宅建筑毛密度（万m²／hm²）			
住宅建筑净密度（万m²／hm²）			
容积率			
绿化率（%）			

第一节　用地平衡

在小区规划中，用地平衡的计算主要依据用地平衡表。

用地平衡表是技术经济指标中的第一部分，其作用是给出居住用地按功能分配的比例，从而反映其用地使用的经济合理性。

居住用地（即小区红线范围内的可供规划用地，通常又称为小区建设用地）按功能可分为住宅用地、公共建筑用地、公共绿地和道路用地。其控制指标如表5.2所示。

（1）住宅用地：包括住宅基地和宅基周围的必要用地。

住宅用地比例与公共建筑配置情况有关。从居住区、居住小区到居住组团，公共建筑项目的规模递减，故住宅用地比例递增。小区住宅用地比例一般为50%~65%，如果小区附近有小学、商业设施等可资利用，则该小区住宅用地比例可相应增高，并不影响居住功能与环境质量。

（2）公共建筑用地：包括学校、医疗、商业服务、文化娱乐和体育健身设施用地。小区级公共建筑用地比例一般为18%~30%，但如采用公共服务设施合并设置、利用住宅底层和地下空间等，可压缩公共建筑用地，腾

表5.2　　居住用地平衡控制指标　　%

居住用地构成	居住区	居住小区	居住组团
居住	100	100	100
(1)住宅用地	45~60	50~65	60~75
(2)公共建筑用地	20~35	18~30	6~18
(3)公共绿地	7.5~15	5~12	3~8
(4)道路用地	8~17	7~15	5~14

出更多用地用于环境建设或提高住宅用地比例。

（3）公共绿地：指居住区内公共集中绿地、小区中心绿地（小游园），不包括宅间绿地和行道树绿地等（小区级公共绿地应达到1～2m²/人）。但在计算绿化率时，绿地覆盖面积既包括公共集中绿地，也应包括宅间绿地和公共建筑的专用绿地等。新建小区的绿化率不应低于30%，旧区改造的绿化率也不宜低于25%（图5.1）。

（4）道路用地：包括车行道及地面停车用地。小区道路用地约为7%～15%，人均可不超过1m²。设计中，应在保证出行方便的前提下尽量减少不必要的道路，以节约用地和增加绿化面积。

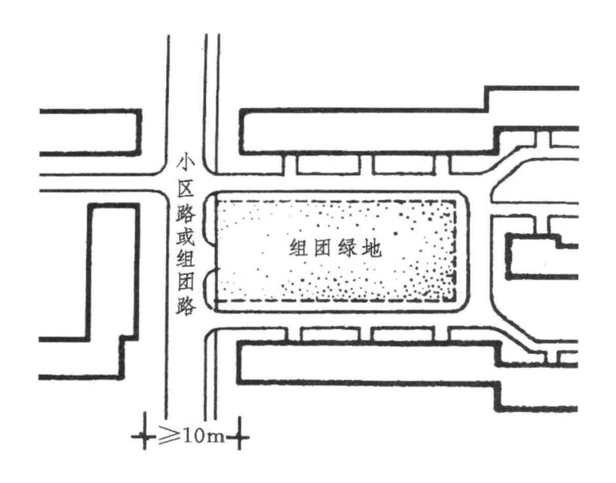

a.开敞型院落式组团绿地示意图

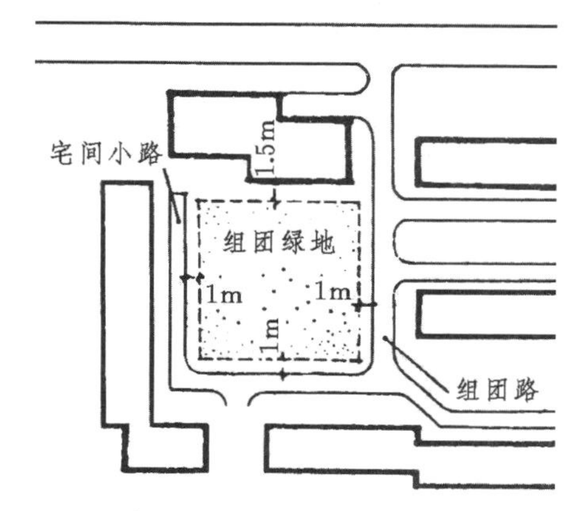

b.院落式组团绿地面积计算示意图

图5.1　院落式组团绿地界限规定

第二节　建筑面积、户数与人口

一、总建筑面积与容积率

总建筑面积包括居住建筑面积、公共建筑面积及其他建筑面积。对于小区规划来说，总建筑面积主要是前两项；其他建筑面积（如变配电站、公厕和市政管理用房）因比例很小，可并入公共建筑面积计算。总建筑面积理应包括地上和地下两部分，在一般规划方案指标中也都分别注明。但在计算容积率时只计地上部分，即

容积率=地上建筑总面积/建设用地总面积

容积率是由规划部门确定并严格控制的指标。

二、住宅建设面积、户数与人口

在本书第一章中作为规划准备工作已对住宅面积、户数与居住人口作了初步计算，而这里所说的技术经济指标部分中出现的应是由规划结果得出的计算数据。随着社会经济的发展和居住水平的提高，总的趋势是户型加大，户内人口结构简单，户均人口减少，因而在住宅建筑总面积相同的情况下，所容纳的户数和居住人口相应减少。目前，国家已明确要求新开发项目中90m²/户以下户型面积所占比重不得低于70%，户均人口可按3.2人计算。由于实际居住状况复杂（如住户人口结构变化和人户分离等），计算所得数据也只能是一个大概的控制指标，用以衡量小区规划的综合效益。

第三节　住宅层数与密度

住宅层数与密度也是重要的规划控制指标。层数越高则密度越大，但层数与设备、结构形式和造价以及消费能力都有直接关

系，因而亦非越高越好。我国人多地少，节约用地是重要原则，但又受到投资、施工水平和居住习惯的限制，目前在多数地区仍以4~6层的多层住宅为主，高层住宅控制在户数的15%~30%为宜。近年来，小高层的发展较快，反映了人们的居住水平在稳步提高。

有关住宅层数与密度指标计算方法如下：

$$\text{平均每户居住建筑面积} = \frac{\text{住宅总建筑面积}}{\text{住宅总户数}} \ (\text{m}^2/\text{户})$$

$$\text{住宅平均层数} = \frac{\text{住宅总建筑面积}}{\text{住宅基底总面积}} \ (\text{层})$$

$$\text{高层住宅比例} = \frac{\text{高层住宅总户数}}{\text{住宅总户数}} \ (\%)$$

$$\text{人口毛（净）密度} = \frac{\text{规划总人口}}{\text{居住（住宅）用地面积}} \ (\text{人/hm}^2)$$

$$\text{住宅建筑面积毛（净）密度} = \frac{\text{住宅总建筑面积}}{\text{居住（住宅）用地面积}} \ (\text{万m}^2/\text{hm}^2)$$

$$\text{住宅建筑净密度} = \frac{\text{住宅建筑基底总面积}}{\text{住宅用地面积}} \ (\%)$$

技术经济指标在实际工程规划中很重要，尤其在众多方案中要进行综合比较决定优劣。例如，达到同样容积率的方案，绿化率高的环境质量会好些；采用南高北低的单体住宅设计，可以在保证日照间距的情况下获得更多的住宅面积；等等。开发商也常常要求设计人员帮助“采取措施”变相提高容积率以追求更多的利润。技术经济指标计算是很繁锁枯燥的，学生往往重方案而轻指标，对计算兴趣不大，这从学生作业中可以看出。然而一旦接触实际工程，技术经济指标计算是不可回避的，因此，应注意在完成规划方案设计的同时，将技术经济指标的概念搞清楚。

第六章 规划设计成果表达

规划设计的成果表达是规划设计过程的总结和形成文件的重要一步，既要科学准确、条理清晰，又要整齐美观、表现力强。规划设计成果，作为课程设计，是汇报学习成果、总结交流的需要；在实际工作中，是竞争夺标的手段，所以设计单位无不在成果表达上下工夫。

规划设计成果表达可以分为设计文件和工作模型两部分。

一、设计文件

设计文件由以下图纸和文字构成。

（一）区域位置图与现状地形图

区域位置图表明项目所在地的位置、与城市重要功能区（如市中心、商业区、风景区等）的相对区位关系、方向、距离、交通条件等大的环境条件。区域位置图范围大、比尺小、表达宏观。

现状地形图是规划设计最重要的依据。它应明确标注红线范围、等高线或现状标高，场内重要地形地物，需保留的文物、古木、建筑，周边道路和建筑现状，以及市政工程及管线接口位置等。内容不全的应在现场调查中搞清楚。

（二）规划总平面图及分系统图

规划总平面图是规划设计的综合成果，也是最重要的一张图。为了更清楚地说明各系统设计情况，往往在总平面图后附上分系统图，一般包括以下内容：

（1）建筑系统图（住宅和公共建筑布置、组团划分）。

（2）交通系统图（车行系统、步行系统以及地上和地下停车场）。

（3）绿化及景观系统图（小区中心绿地、组团中心绿地、庭院绿地、道路广场绿地以及各级景点分布及景观轴示意等，还可附各类景点效果提示）。

在实际工程设计中，配合总平面图还要有管网综合图、竖向布置图、土方平衡图及分期建设方案图等。

（三）主要建筑方案图

主要建筑方案图包括主要住宅户型方案，主要楼型（典型住宅单元组合）的平、立、剖面及效果图，主要公共建筑的平、立、剖面及效果图。建筑方案的轮廓形状、尺寸及高度是总平面构成的依据和基础，建筑方案更是小区标准、档次、风格和建筑设计水平的体现。在实际工程中，住宅方案是用户选购住房的主要依据。

（四）鸟瞰图与主要景观效果图

鸟瞰图是表现规划布局和总体形象的最直观的表达方式，最为投资方和审批者关注。因此，在设计文件中往往将鸟瞰图放在首页，以便给人最深刻的第一印象。除具体的建筑设计和规划指标外，景观印象往往也是赢得竞争的重要因素，因而设计者都将最得意的景观构思在设计文件中展示出来，于是帅气的徒手画大有用武之地。

（五）文字说明与技术经济指标

文字说明主要要交代项目设计的背景、文件依据、所处环境、主要设计原则和构思等。在实际工程规划设计的说明书中，除建筑、规划布局外，各相关专业，例如结构、给水排水、暖气通风、供电通信、安全防灾等方面的设计原则、系统方案以及投资估算等，都要加以说明，并由主要规划项目负责人综合成完整的文件。

有关建筑规划指标与用地平衡方面的指标主要以本书第五章中的技术经济指标项目表来表达即可。

二、工作模型

工作模型的作用在于用最直观的方式进行多方案比较和空间推敲。作为规划设计成果的模型不仅可以最形象、直观地表达方案成果，而且便于从多个角度进行观察、拍摄，因而具有比图纸更易把握整体规划感觉的优点。

工作模型与房地产商推出的销售模型不同，主要作为推敲方案和表达设计构思的手段，由于其比例较小（1：500~1：1000），可以省去建筑过多的细部，主要表现体量与空间关系。色彩也可以很单纯，只需将建筑、场地和绿化加以区别，甚至会用单一颜色，使人专注于体型、空间构图。而房地产商在房展会或售楼处摆放的模型则尽量做得细致，细部、色彩都尽可能逼真是出于销售目的，这一点与课程设计中的工作模型不同。

除设计文件（图版或图册）和工作模型外，有条件时还可附有三维动画，可以表达得更为灵活而生动，使审查人员或购房者宛如身临其境，因而也成为社会上房地产推介的重要手段。

中央美术学院建筑学院要求学生在课程结束时，除提交上述纸制设计文件和工作模型外，同时要提交电子文件，以便存档、查阅。其中还可附有反映构思过程的草图、草模等。

第二篇　小区规划实践

第七章

小区规划范例

这一部分所选用的规划范例并未以其是否获得奖项为标准，而主要是参考其大的规划布局。

布局合理、交通顺畅、关照周边环境、条理清晰而不呆板、变化活泼而不混乱是总平面设计成功的重要条件，也是我们向实践案例学习的主要着眼点。

一、总平面规划

●深圳波特菲诺小区

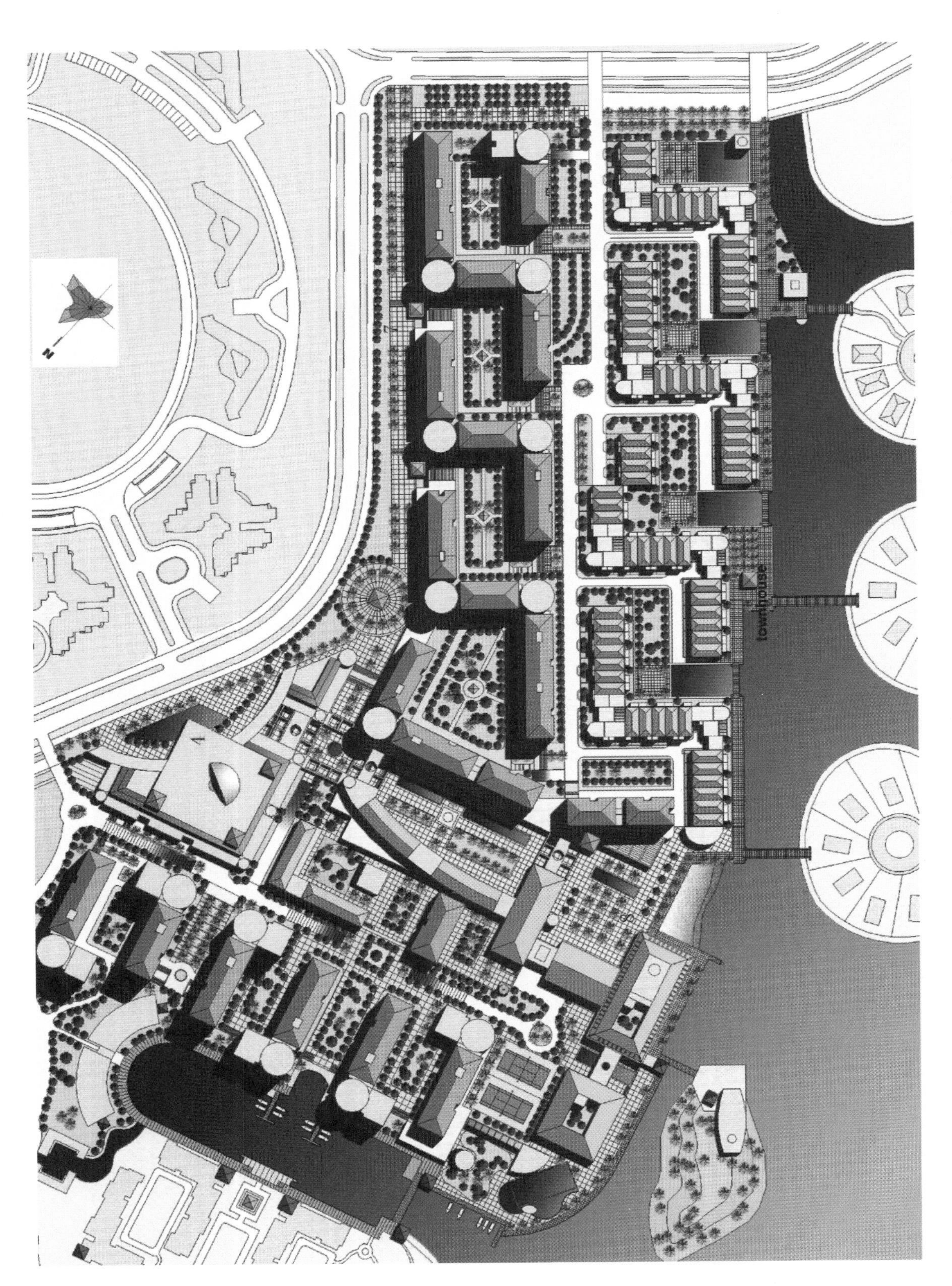

意大利建筑风格与中国庭院环境的结合。购物中心与商业街临近城市道路，会所与休闲广场安排在水边。动静分区明确，尺度亲切宜人。

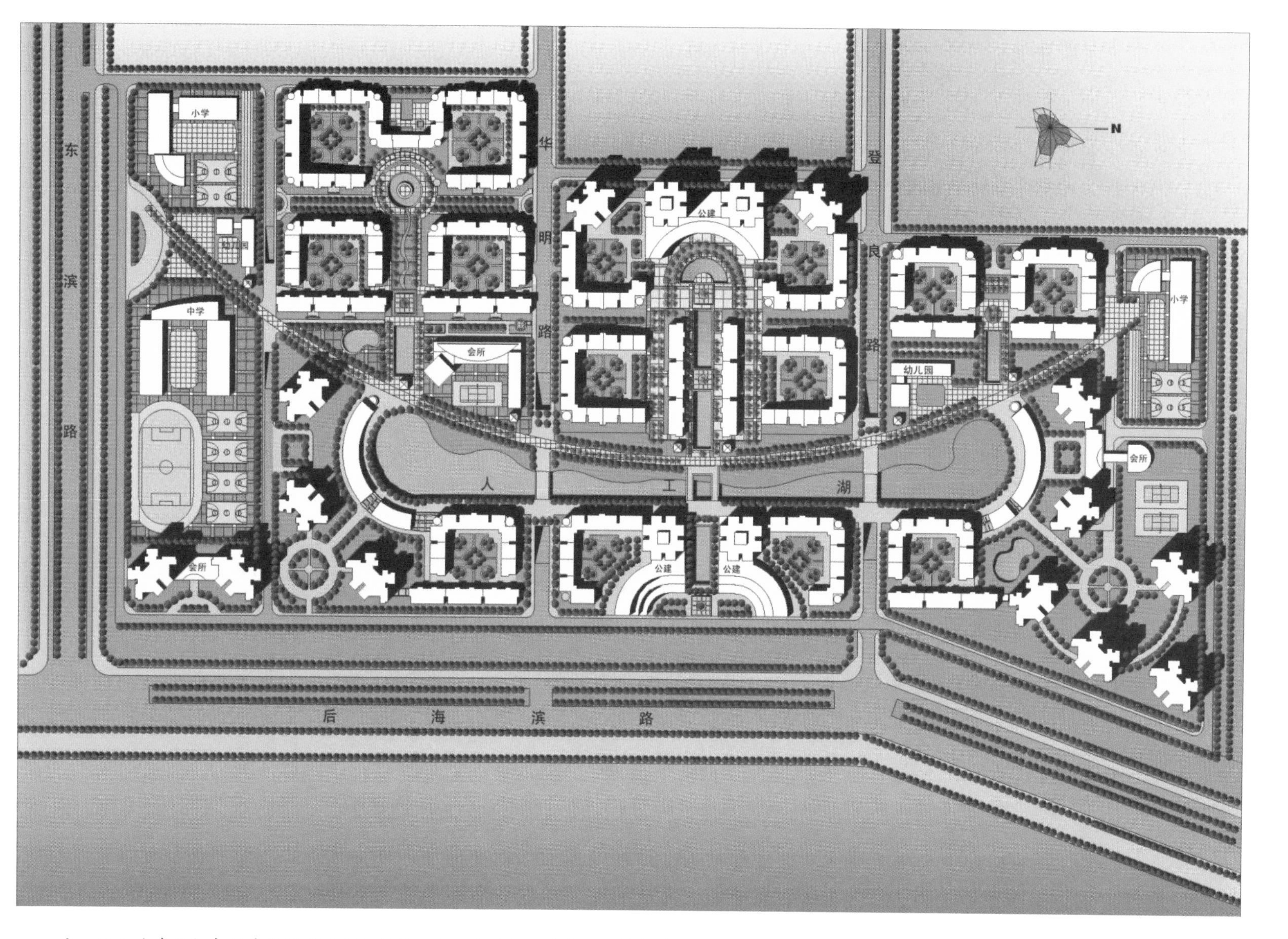

主入口公共建筑与高层建筑形成明确中轴线，人工水景与林荫步道则横向展开，四合院式的庭院重复出现形成明显韵律。中小学靠近城市干道，减少干扰。规划构图大气、现代而又次序井然。

●郑州天下城小区

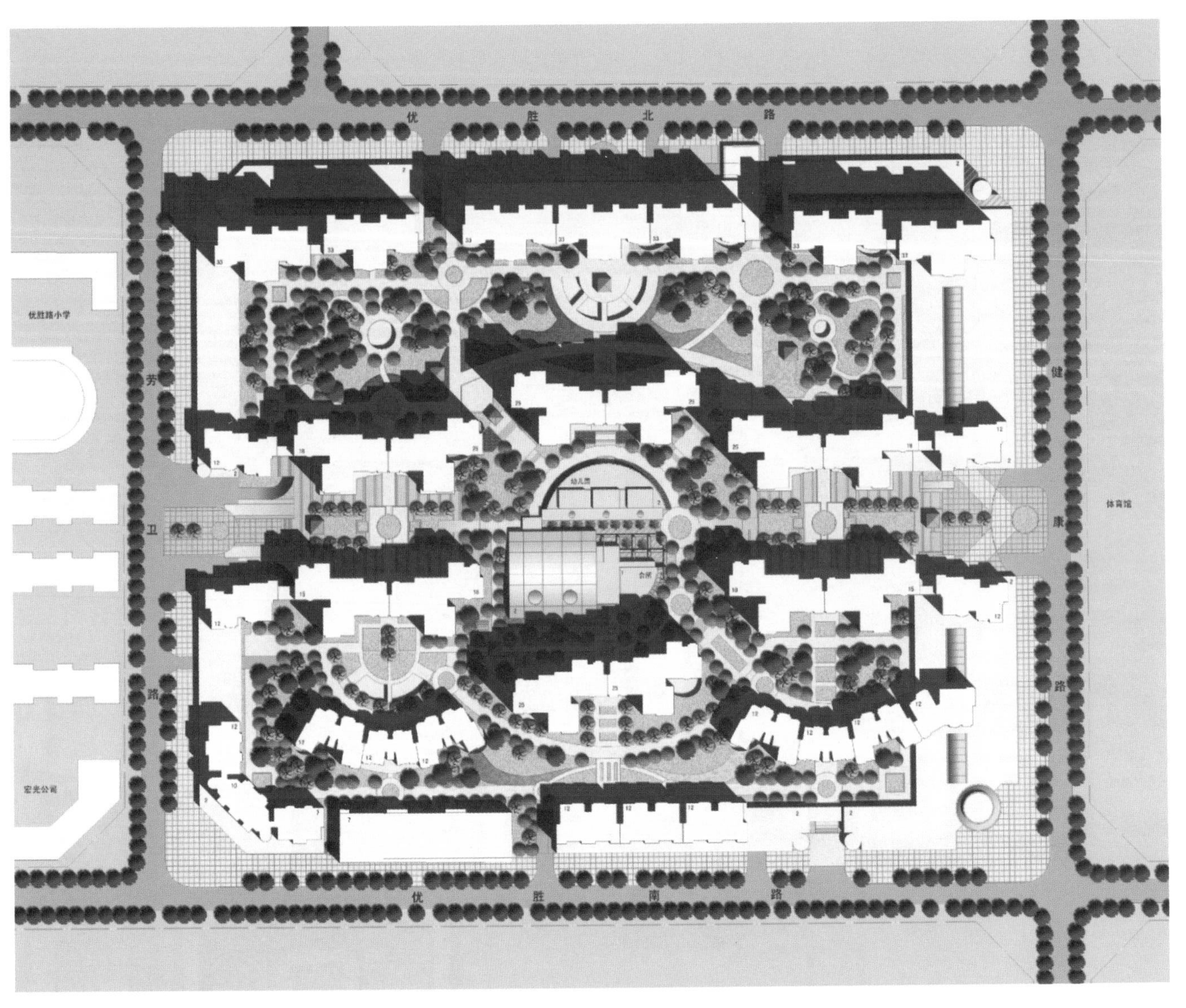

典型的高层、高容积率小区。商业建筑以裙房形式布置在外围，围合成宁静的内部空间，会所与幼儿园位于相对宽敞的中心绿地中。

●东莞中信东泰花园小区二期

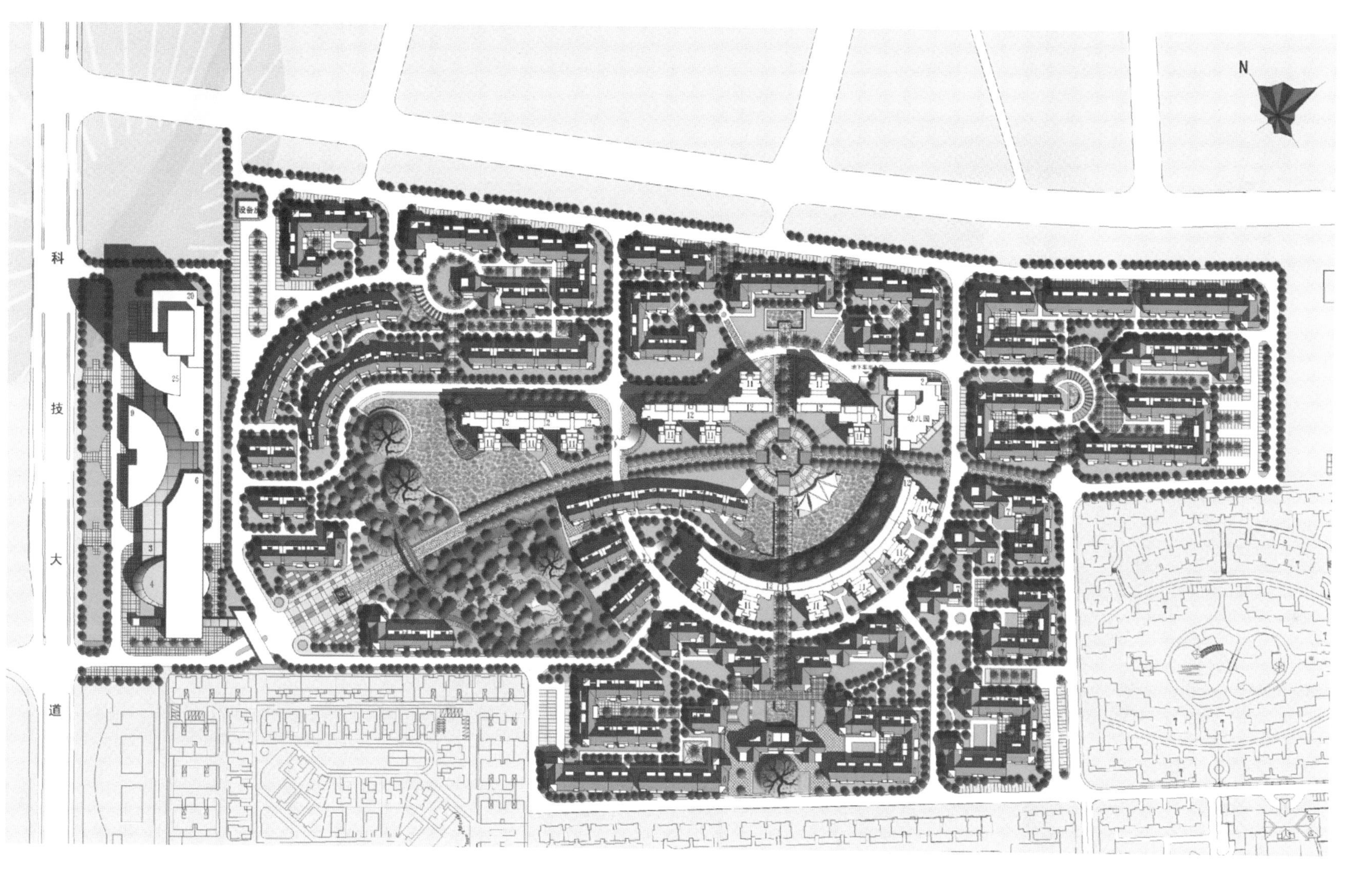

入口主广场设在用地西南角，通过一道拱门和弧形林荫步道将人们引向中心景区。核心组团的对称布局与周边组团布局既严谨又灵活。车行道与地面停车场沿外围布置。

●东莞中惠沁林山庄小区

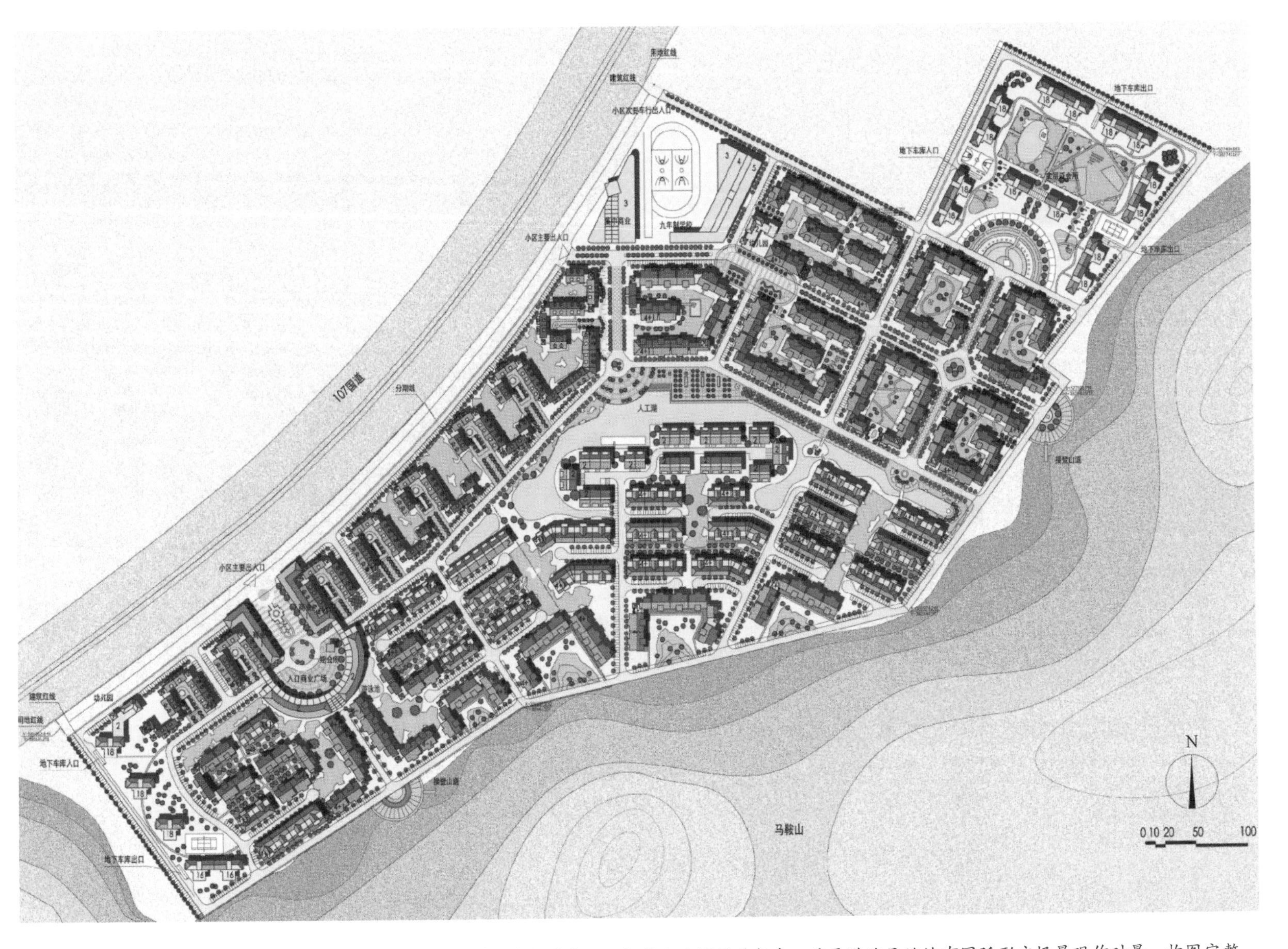

西南东北走向的狭长用地环境，由人工湖和湖滨路将两个主要出入口与整个小区联系起来。重要道路尽端均有圆弧形广场景观作对景，构图完整。地面停车比例较大，一般沿外围道路布置，减少对组团和庭院的干扰。

●上海春城10号、11号地块规划方案

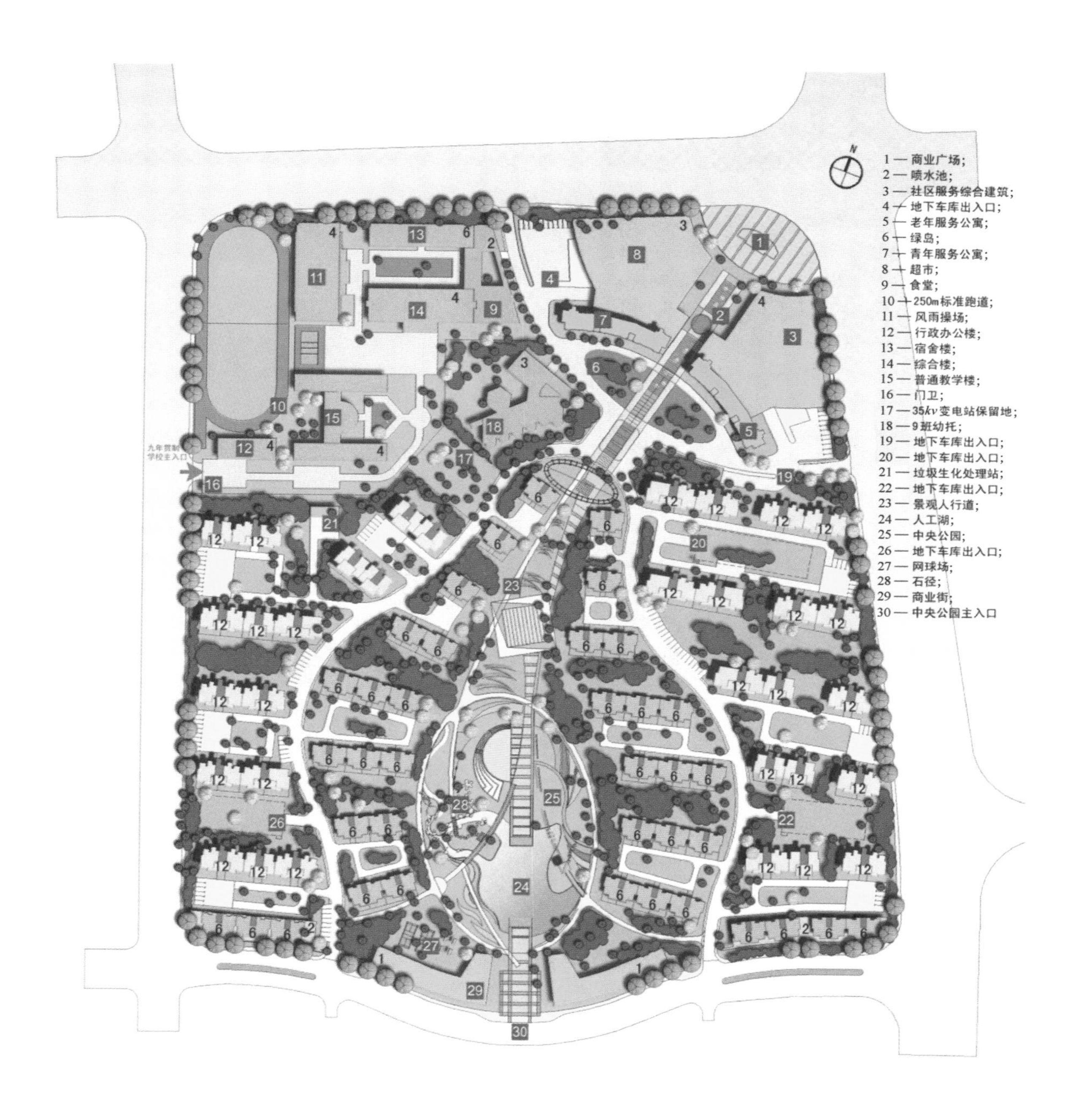

主要商业服务和文教设施在北面结合主入口沿城市干道布置，南面沿小区边界设商业街以均衡服务。住宅围绕中央公园沿景观轴由内向外次递升高。朝向与绿化表现出均好性。少量地面停车位沿外围布置，较少干扰。

●湖南骏豪花园小区

用地形状极不规则，道路线型自由流畅如行云流水，建筑则采用小体量依路随行，灵活而不零乱、严谨而不呆板。这种布置方式对于地形复杂而对朝向依赖性不强的地区尤为适用。

●珠海珠江帝景小区（滨海路高层）

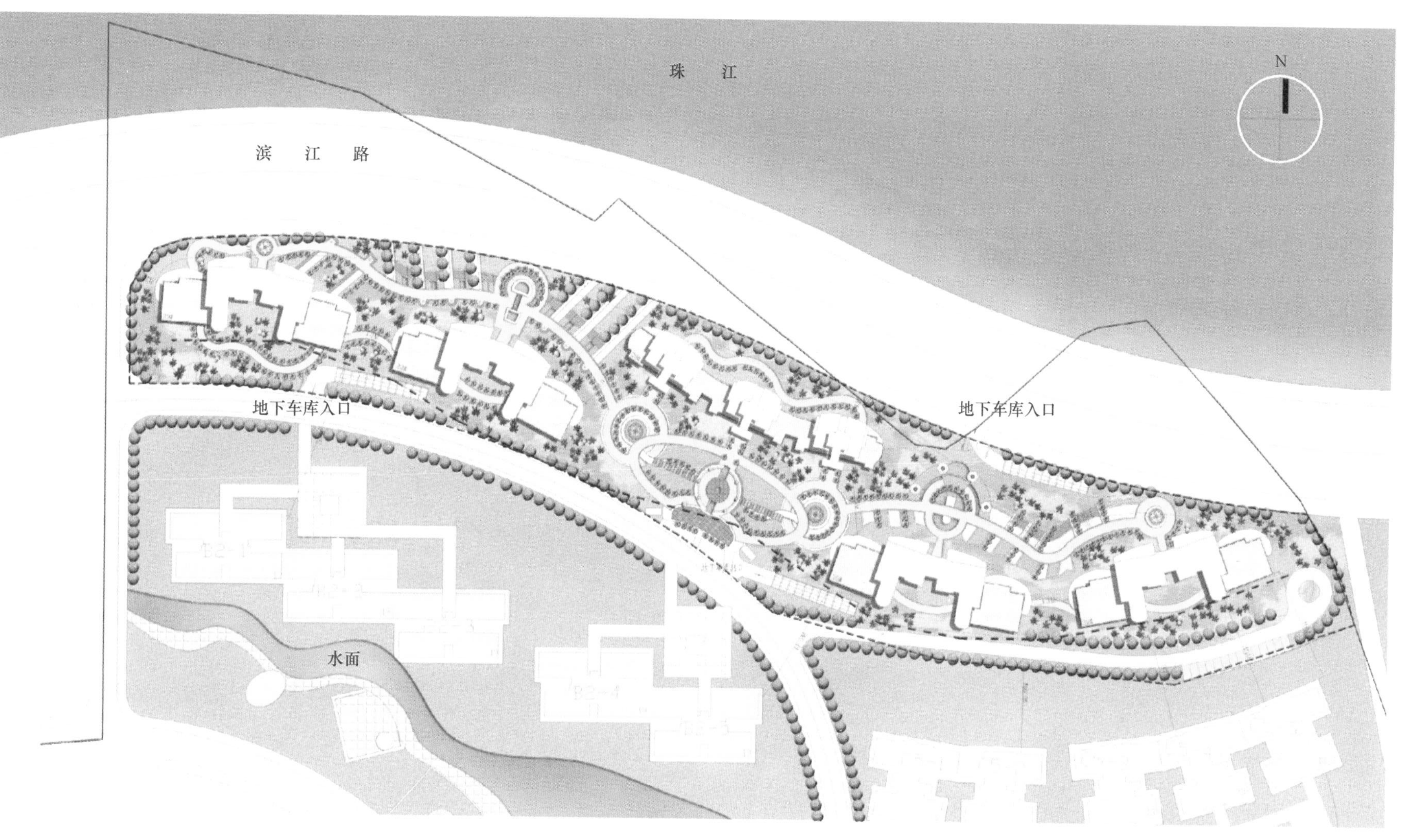

由于用地进深很浅，只能设一排高层住宅。所有住宅都朝向江滨，获得良好景观。同时，将其中一栋高层前移，从而形成难得的中心绿地。均匀分布的三个地下停车库入口使车辆从外围即进入地下，实现人车分流。

●镇江魏玛花园小区

两个主要车行出入口间由圆弧形主路连接成为小区主要车行道，而南侧横向商业街与纵向的步行休闲广场呈T形布局，直通小区中心绿地。稍作旋转的景观轴使两侧居住空间更为均衡，同时使整个小区增加了活泼、灵动的趣味。

●呼和浩特托电工业园综合服务区（局部）

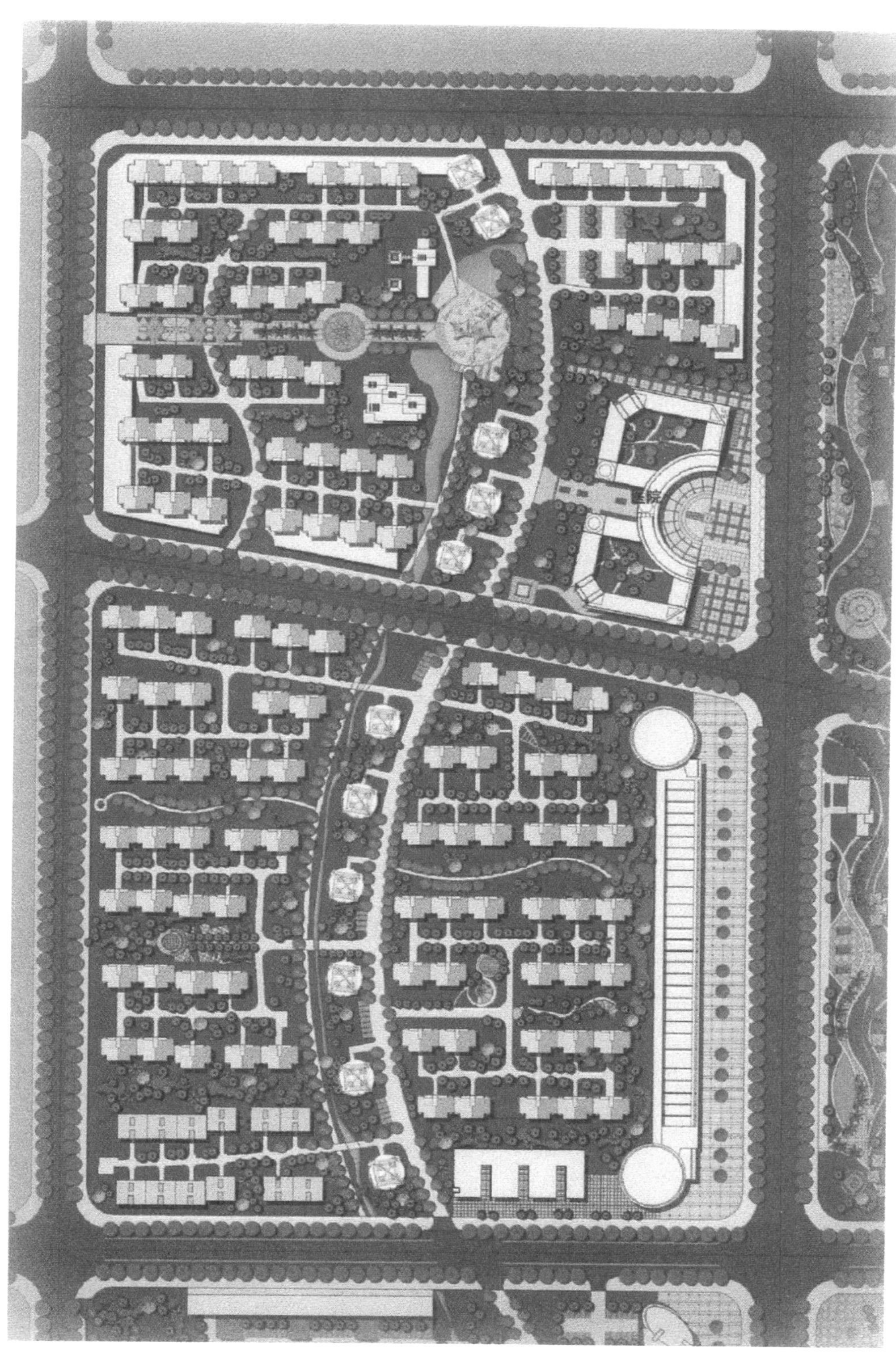

规整的矩形用地被一条城市道路分成一正一反两个梯形。规划用一条流畅的S形曲线林荫步道将南北两块用地联成一个完整的小区。一条滨水小径与平行的林荫步道间形成一条串珠式的休闲场地，并由此界定出均衡的地块，使住宅组团与公共建筑各得其所。

●泰安龙泽苑小区方案

三块用地统一规划，以高音谱号为原型规划道路骨架，寓意儒家的“礼乐”思想。其中最大的地块为龙泽苑小区。小区内自东北、西北、西南至东南以冲沟水渠和道路分为四个组团，并以松峰、梅岭、竹溪和菊院命名。在景观与立意上体现出了一定的传统文化意涵。

二、规划实景图片

●北京慧谷阳光小区

一个中高档小区，其平实而周到的设计得到普遍好评。

住宅以中高层为主，获得宽松的室外空间环境。

阳光主卫与错落的阳台组合成多种户型和丰富的立面效果。

绿色和阳光诠释着主题。

小区中心以绿化和水面为主，成为受人欢迎的休闲环境。

儿童游戏场，同时也是成人交往的场所。

地下车库采光顶融入宅间绿地成为一景。

河不在宽，有水则灵。

底层私家小院不大，却受园艺爱好者的欢迎。与复式相结合更有别墅的感觉。

住宅入口的无障碍设计提供了很多方便。

进入老龄化社会，活动场地是绝对必要的。与小区中心结合，避开住宅窗前是合适的位置。

底层架空不仅增加景观层次，更有遮阳避雨的功能，非常实用。

商业服务设施布置在小区入口处的公寓底层，节约用地，服务方便又较少干扰。

消防通道也具有景观效果。

少量地面停车位沿外围布置，并以绿化隔开。

住宅轮廓稍作变化，便成对景。

早晨，上班族的车辆沿外围消防通道鱼贯而出。

利用边边角角恰当地布置了车棚、指示牌。

●北京望京西园小区

为解决停车与绿化的矛盾而采取的立体停车和屋顶花园措施成为小区的重要特点。

车库上做屋顶花园，花架与绿化种植构成优美的沿街景观，这种做法在北方尚不多见。

屋顶花园用天桥与住宅二层相连，并可通过室外楼梯下到内院。

屋顶花园绿化生机勃勃，成为良好的休闲场所。

高层住宅底层的小商店为小区增加了亲切的生活气息。

在小区外围沿居住区干道设停车楼，地面层设临街铺面，二层以上停车。

屋顶花园中的儿童游戏场。

林荫中的雕塑为小区环境增添不少生机活力。

● 北京宝星国际小区

一期工程均为塔式高层，围绕中心绿地与会所自由布置。地面以上为宁静清幽的纯居住小区。

绿阴中的阳光会所，超市、健身房等商业服务设施均在地下。

竹丛掩映下的阳光会所入口。

通往地下的入口和阳光照亮的休息厅。

地下车库与会所地下超市相通，过渡空间通过下沉天井通风采光。

位于小区外围的地库出口均有透光雨篷和良好的绿化设计。

二期工程的小学很有童趣。但后面的住宅过分花哨，喧宾夺主。

儿童游戏设施与会所之间有花架相隔，既界定空间，也为大人休息、交往和照看儿童提供方便。

●北京华鼎世家小区

色彩设计独具匠心，绿灰色的退晕如天光云影在建筑上飘动。

清新淡雅的冷灰色在视觉上有后退的效果，从而减少了密集高层的拥塞感，营造出优雅的居住环境。

少有的鲜亮暖色留给了孩子们，符合儿童心理，空间动静分区明确。

幽静的半封闭绿地中，现代雕塑色彩对比强烈，醒目提神，活跃气氛。

●深圳波特菲诺小区

走进这个高档小区仿佛置身于地中海小镇，耳边似乎可听到小教堂的钟声。

小街边的联排别墅，宁静而舒适。

步行小商业街均为高档专卖店。

扁平的拱券和大理石浮雕，体现意大利风格。

会所在小街深处，休闲平台滨水而设。

会所院内的泳池和酒吧。

会所内的西餐厅，亲切小巧，风格地道，环境舒适。

●深圳万科第五园

如徽州《雨巷》般温婉，似肖邦《月光》般宁静。以现代材料和技术手段表达出了民族文化的神韵。（图片选自《深圳万科第五园》，BIAD传媒主编，天津大学出版社，2007；摄影杨超英）

没有门楼、牌坊，标识简洁现代，构图清晰。

徽州民居的清幽意境在现代建筑中再现。

竹子或许各国都有，但以“君子”之尊贵，潇洒地参与到建筑构图中，恐怕非中国莫属。

粉墙、黛瓦、镂窗、修竹的构图特征体现了人们对居住环境的追求。

在这里能感受到徽州民居“四水归堂”的氛围和文人意识。

素雅中偶尔的暖色引人入胜。

室内环境中适当出现暖色，可增加温暖亲切的气氛而又不失清雅宁静的总体风格。

三、居住建筑色彩

居住建筑的色彩受地域气候条件和传统文化影响较大，不同地区具有不同的色彩倾向。

深圳、珠海等南方沿海城市，居住建筑以白色和淡冷色居多，只有公共建筑采用鲜亮的色彩，具有热带海滨建筑特征。

福州夏季闷热，采用冷色调在心理上是可以接受的。

泉州传统民居为砖红色，在历史性街区仍在沿用。作为一种文化现象其影响所及金门、马祖直到东南亚地区。

大都市的高档居住区受国际化影响较大，多已摆脱乡土环境的影响。例如，北京的CLASS一色浓重的深咖啡和黑色磨光花岗岩就完全是德国风格。

武夷山庄和步行街建筑的粉墙和土红色木构显然源于传统民居。

四、雕塑与小品

雕塑与小品除具有实用和观赏功能外，往往对环境气氛具有点睛作用。

小区入口形象平易，重在表达园林生态趣味，不张扬。

仿欧式大门，追求华丽、高贵的气氛。

贵族庄园形式的入口，令人望而却步。

读（北京正义路绿地）

母子（北京古城绿地）

和平（北京复兴门绿地）

以观赏为主要功能的景观雕塑［海螺姑娘（威海）、惠安女（泉州）］。

环境小品、地景、装饰、抽象雕塑。

设施小品（路灯、坐椅、果皮箱、电池回收筒）。

第八章

学生作业点评

这一部分介绍的是从近两届学生作业中随机抽取的部分作品。用地所在地涉及青岛、大连、上海和北京等不同环境，面积10~20hm²，容积率1.2~1.5不等，绿化率在30%以上。因篇幅所限，重点介绍学生作业中的总平面图、鸟瞰图和部分分析图，而部分景点设计及模型照片等则从略。

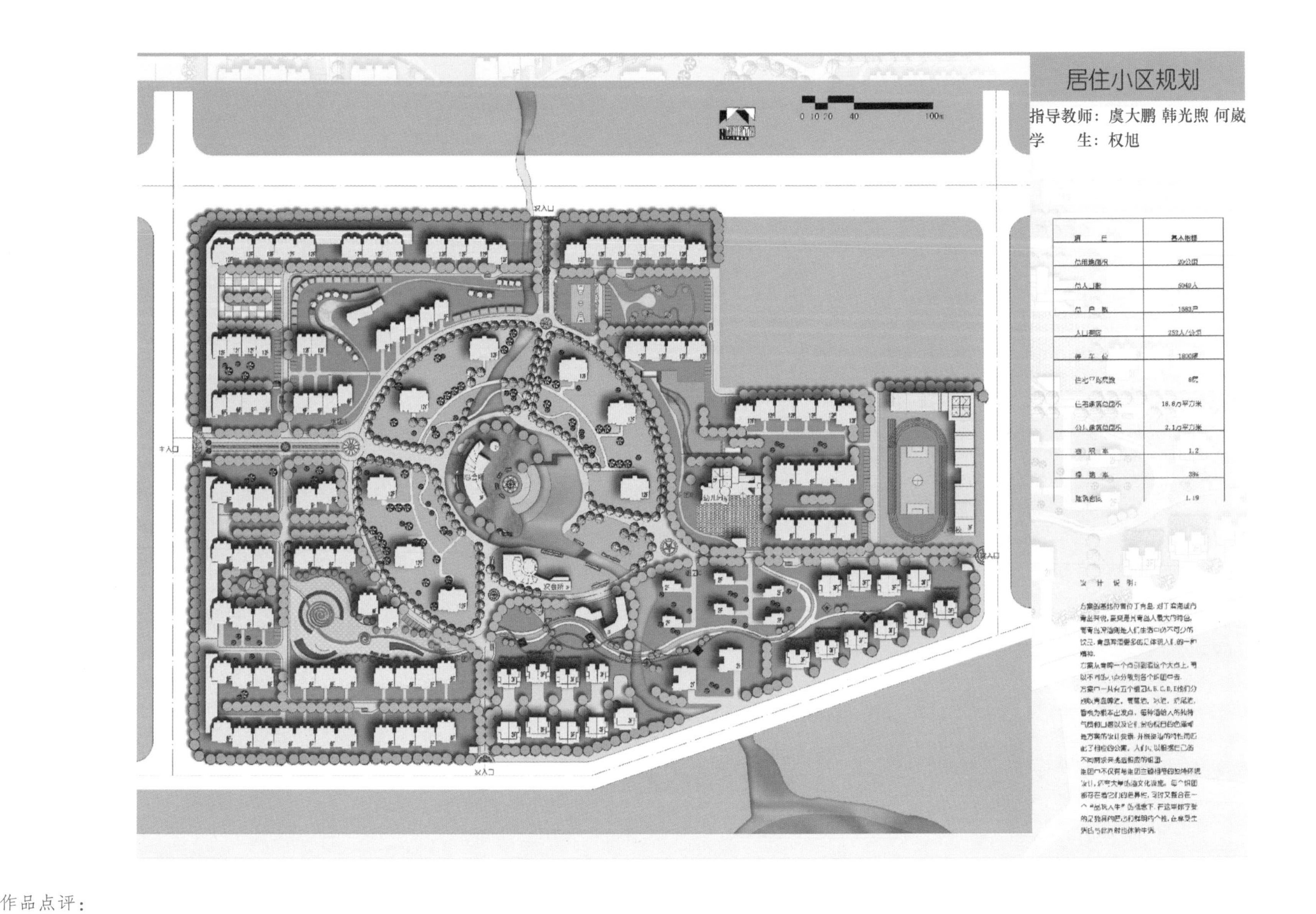

作品点评：

道路线型简洁流畅，建筑空间布局合理。沿环形林荫步道布置一组高层，将休闲文化建筑与小区中心绿地相结合，功能合理，典型组团景观有较深入设计。

居住小区规划

指导教师：虞大鹏 韩光煦 何崴
学　　生：权旭

规划结构解析图

道路交通解析图

绿化系统解析图

小区鸟瞰图

空间形态解析图

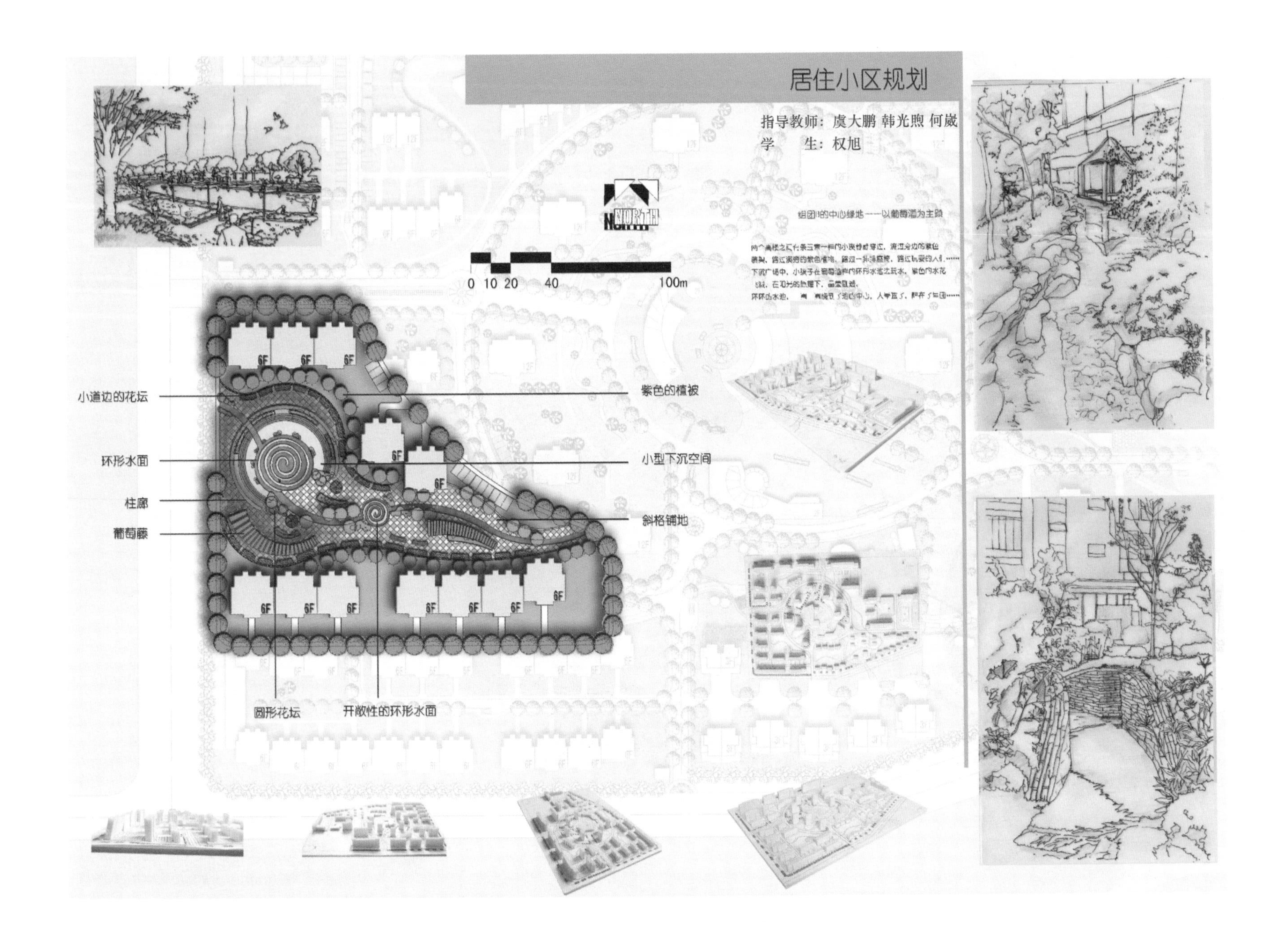
居住小区规划
指导教师：虞大鹏 韩光煦 何崴
学　　生：权旭
NORTH
0 10 20 40 100m
组团的中心绿地——以葡萄酒为主题
小道边的花坛
环形水面
柱廊
葡萄藤
紫色的植被
小型下沉空间
斜格铺地
圆形花坛
开敞性的环形水面
6F

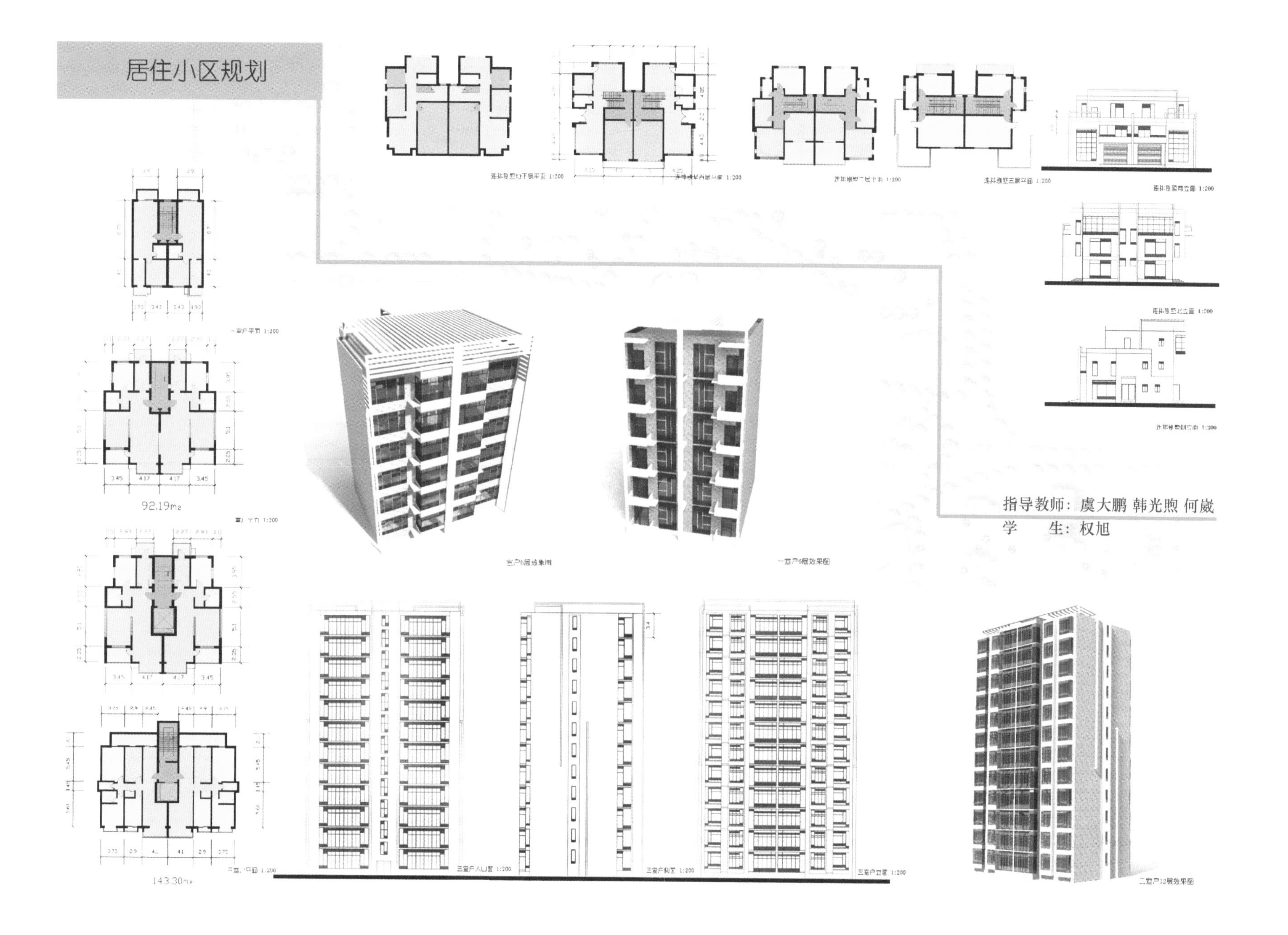
居住小区规划
92.19m²
143.30m²
指导教师：虞大鹏 韩光煦 何崴
学　　生：权旭

作品点评：

建筑布局与道路系统较为自由、放松，颇具休闲意味。景观设计细致，会所居于小区中心，从各主要入口进入小区均成对景。

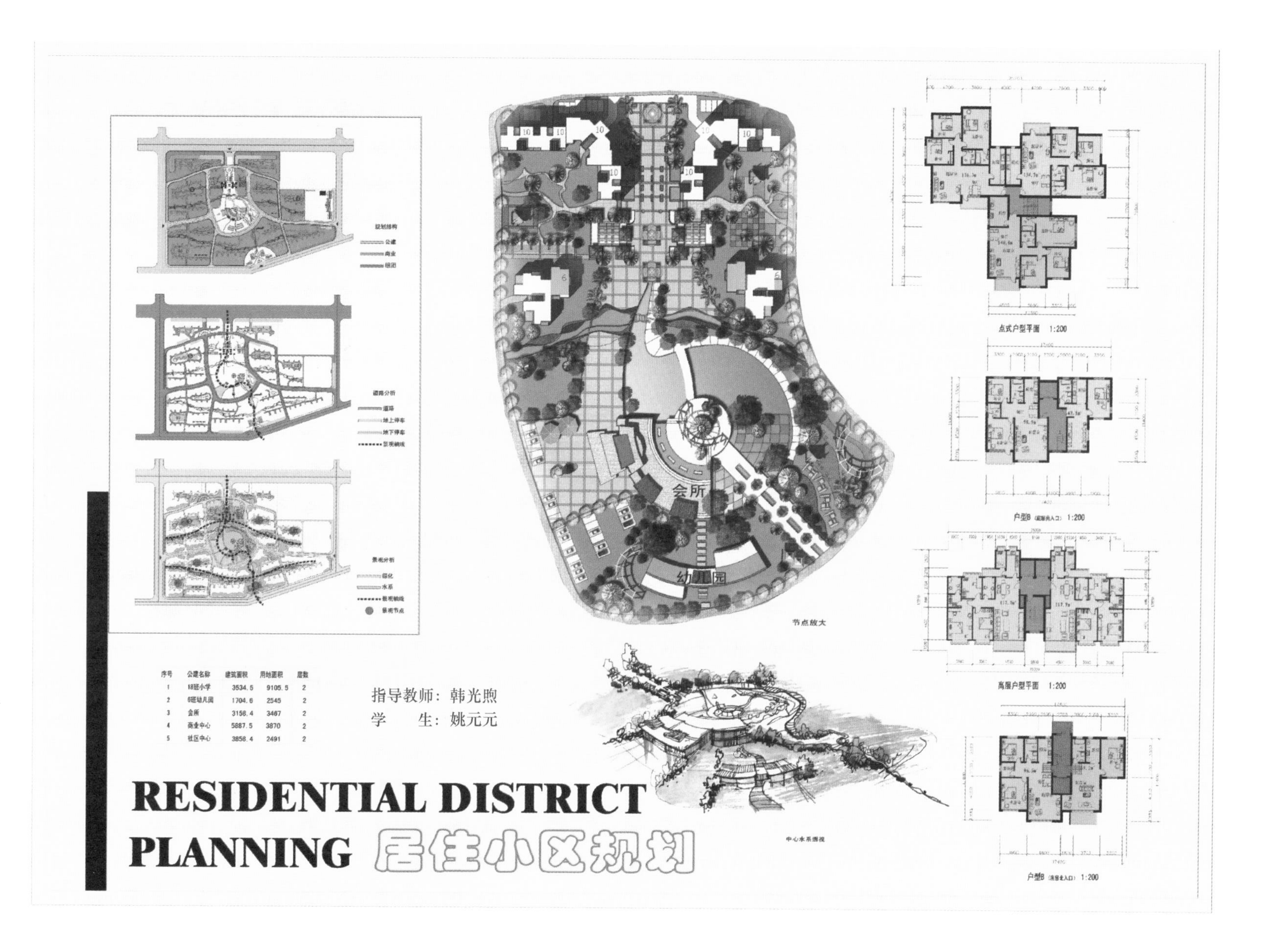
RESIDENTIAL DISTRICT
PLANNING
居住小区规划
指导教师：韩光煦
学　　生：姚元元
序号 公建名称 建筑面积 用地面积 层数
1 18班小学 3534.5 9105.5 2
2 6班幼儿园 1704.6 2545 2
3 会所 3158.4 3487 2
4 商业中心 5887.5 3870 2
5 社区中心 3858.4 2491 2
规划结构
道路分析
景观分析
会所
幼儿园
节点放大
中心水系透视
点式户型平面 1:200
户型B 1:200
高层户型平面 1:200
户型B 1:200

RESIDENTIAL DISTRICT
居住小区规划 PLANNING
指导教师：韩光煦
学　生：姚元元

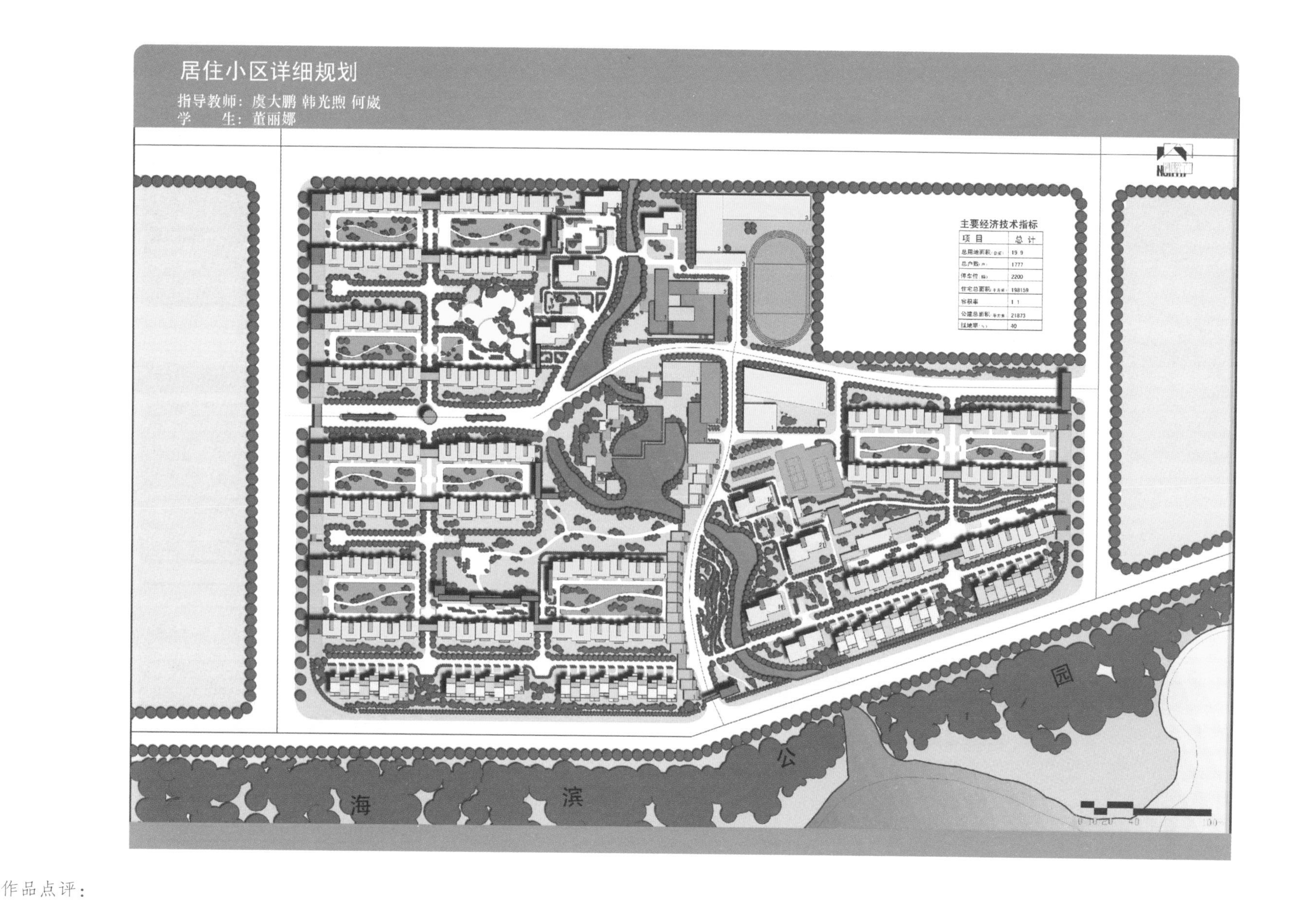

作品点评：

规划中小区、组团、院落分级清晰明确。沿水系错动布置的塔式高层与绿化相结合成为突出的景观特点。住宅朝向良好，空间归属感强。公共建筑与中心景观设计较为深入。

居住小区详细规划

指导教师：虞大鹏 韩光煦 何崴
学　　生：董丽娜

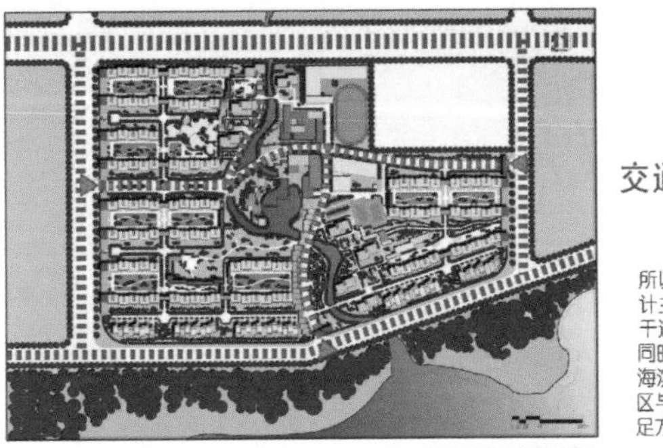

城市和社区主要车行入口分析

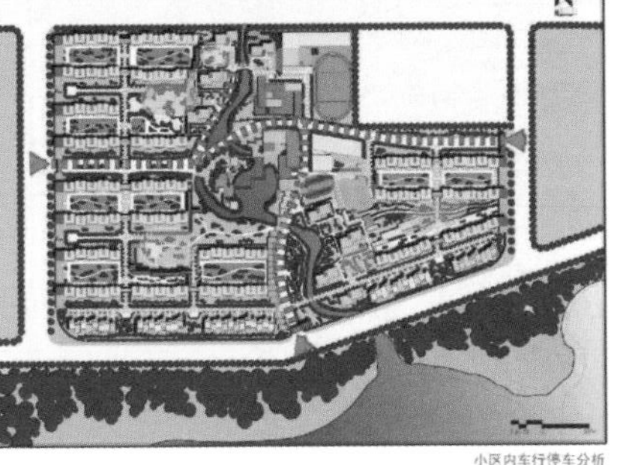

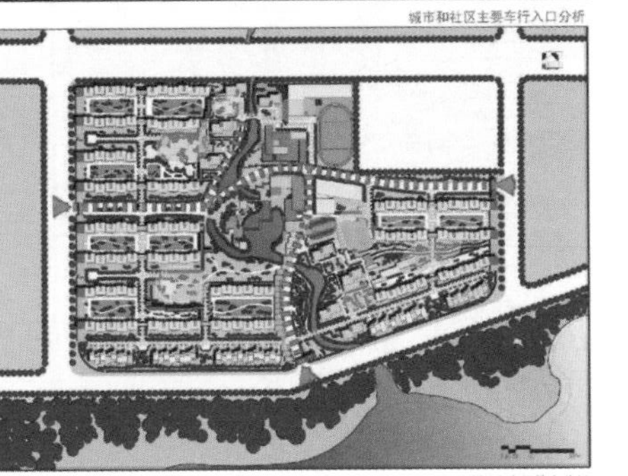

小区内车行停车分析

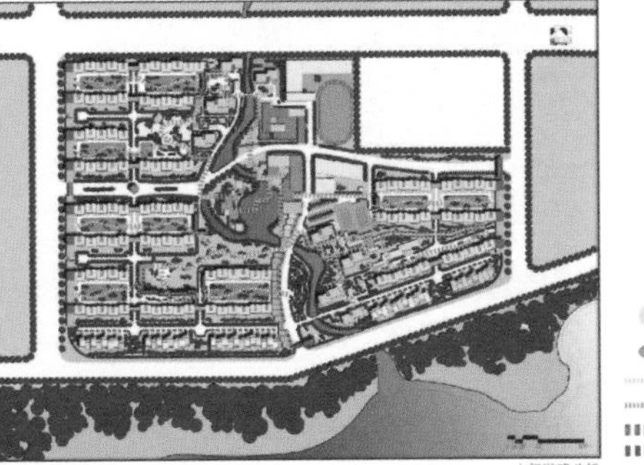

人行游路分析

交通 组团结构分析：

海滨小区北面是45m的城市快速路，所以在北面紧邻城市快速路的一侧不设计主要出入口。东面和西面为21m城市干道。小区的东西两侧为临街商业店面，同时设计两个主要的出入口。南面紧邻海滨公园，设计一个景观出入口连通小区与海滨公园的交通。出入口的设计满足方便到各个居住组团的要求。

小区内部在各个组团内都设有独立的地下停车场，满足各个组团内停车的服务半径。在公共区域内设有地面停车场，服务于公共停车的要求。各个组团内部设计有人行游路，连通组团间，组团和组团绿地间，组团和公共区域间的人行交通，在为小区住户休闲游憩中提供可变换景观的游走路线。

小区内主要车行交通将小区分为若干组团。根据服务半径的要求，公共服务范围位于小区中间部位，一侧为小区小学校和幼儿园，其他方向上均为居民住宅。顺延中心景观带，布置服务小区内部的商业区域，塔式住宅组团沿河分布；西面紧邻海滨公园，有良好的视野和景观，布置有联排别墅组团；东西两侧设有沿街商业店面，同时围和板式住宅的组团院落。

小区主要入口
组团内地下车库
地面停车场
组团内车行路
小区内人行游路
小区主要车行路
城市主干道

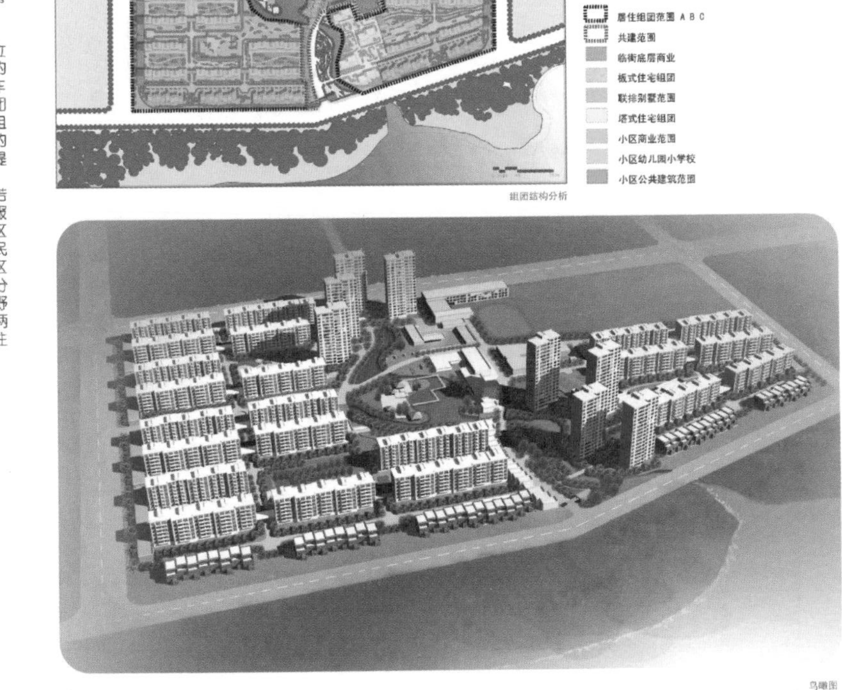

组团结构分析

鸟瞰图

居住小区详细规划

指导教师：虞大鹏 韩光煦 何崴
学　　生：董丽娜

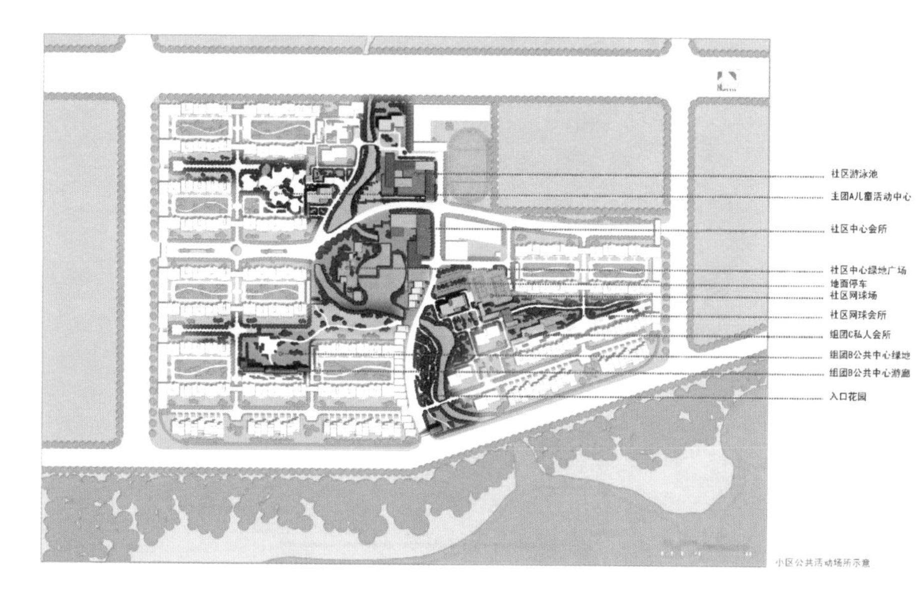

小区公共活动场所示意

公共空间

小区公共活动空间都集中布置在沿河一带。在临近海滨入口处有景观花园。供住户休闲游憩，对面就是社区内公共商业店面。在中心地带设计有社区中心会所，网球场和网球会所。与中心会所隔河相望便是中心绿化广场。中心会所旁边设有游泳池满足住户对公共活动的高要求。

除了中心的社区级的公共活动场所以外，在各个组团内部都设有各自的公共活动空间。有儿童游乐场，私人会所，游廊等。满足各个组团的公共活动的同时，空间和景观上连接中心公共活动区域的关系，使住户由建筑庭院自然的过渡到公共环境。

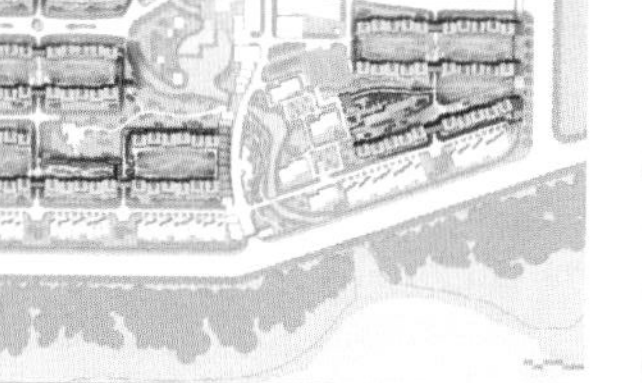

庭院单元示意

庭院归属感

小区住宅排列方式，除了满足日照采光要求之外，在多层住宅的社区内营造一种庭院似的归属感。

住宅建筑大部分以7层板式住宅为主，排列式的分布与两边的商业用房和住宅物业服务用房或游廊围和成宅前庭院，在每个庭院入口处设有地下停车入口，确保宅前庭院的交通安全及与公共环境空间上的分离。营造一个归属于每个庭院围和住宅住户的家的归属感。

板式住宅的布置以一种围和庭院的模式发展到整个社区。

景观绿化

小区中央有河经过流入大海，围绕河流设计沿河景观带，服务于小区内公共空间。同时小区内公共活动场所如：中心会所，游泳池，网球场，中心广场，公共商业，景观花园等都集中布置沿河景观带内。

各个组团内都设计有自己的公共活动绿地，连接中心景观的同时满足组团内的公共活动要求和绿化要求。

组团内各个庭院单元内都有自己的宅间绿地，满足住户对紧密生活环境的绿化要求。

小区景观绿化分析

庭院分布示意

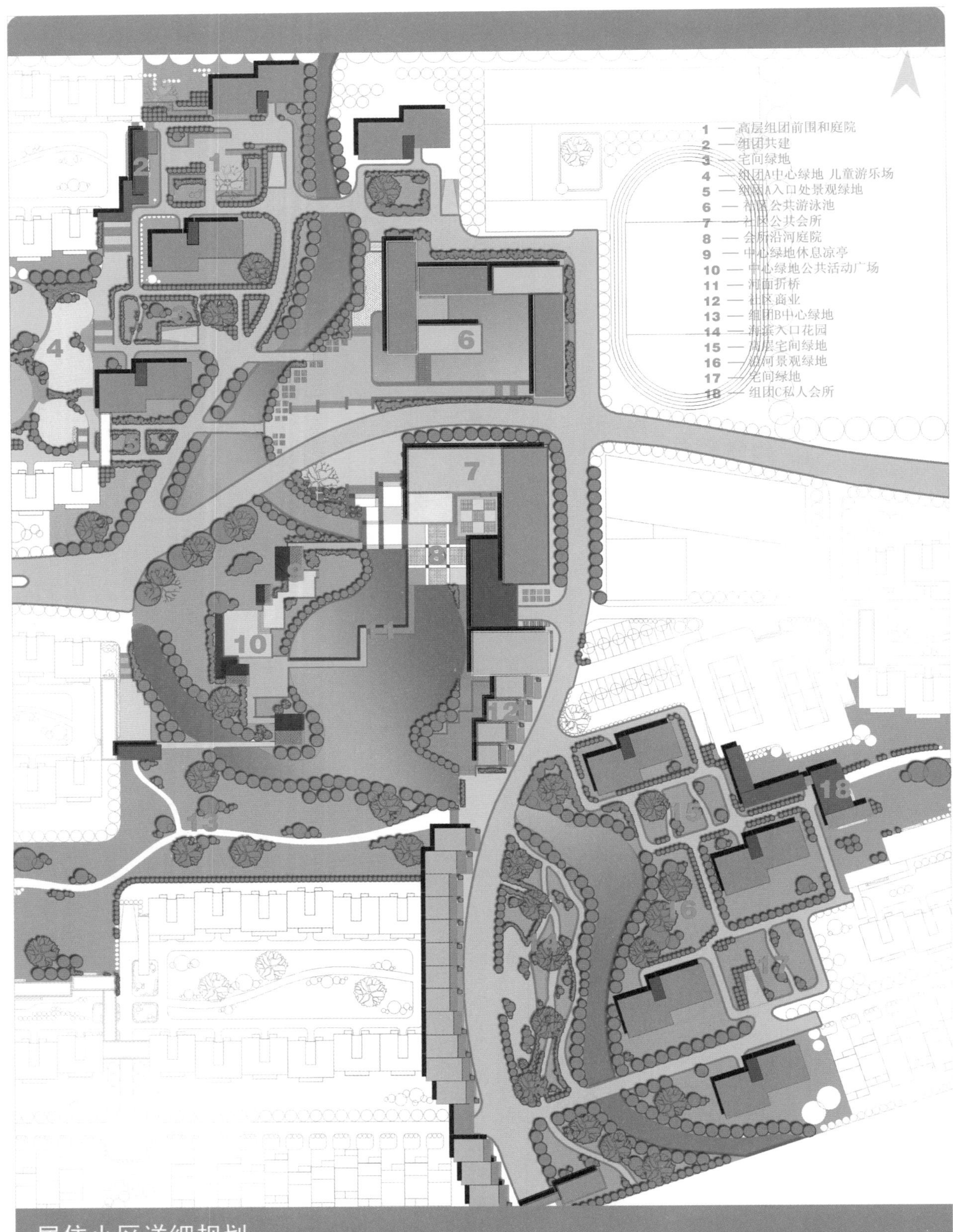

居住小区详细规划

指导教师：虞大鹏 韩光煦 何崴
学　　生：董丽娜

居住小区详细规划

指导教师：虞大鹏 韩光煦 何崴
学　　生：董丽娜

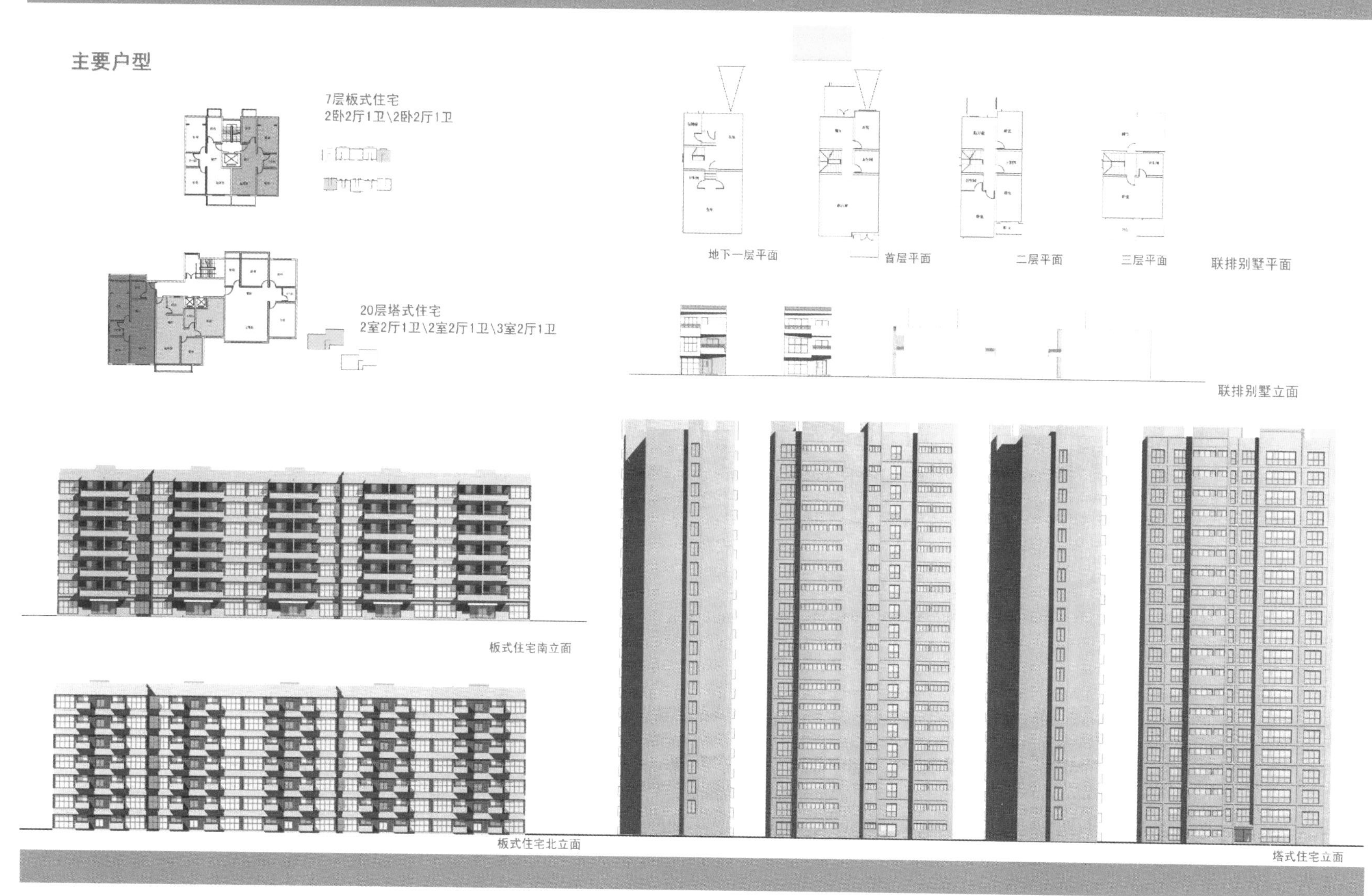

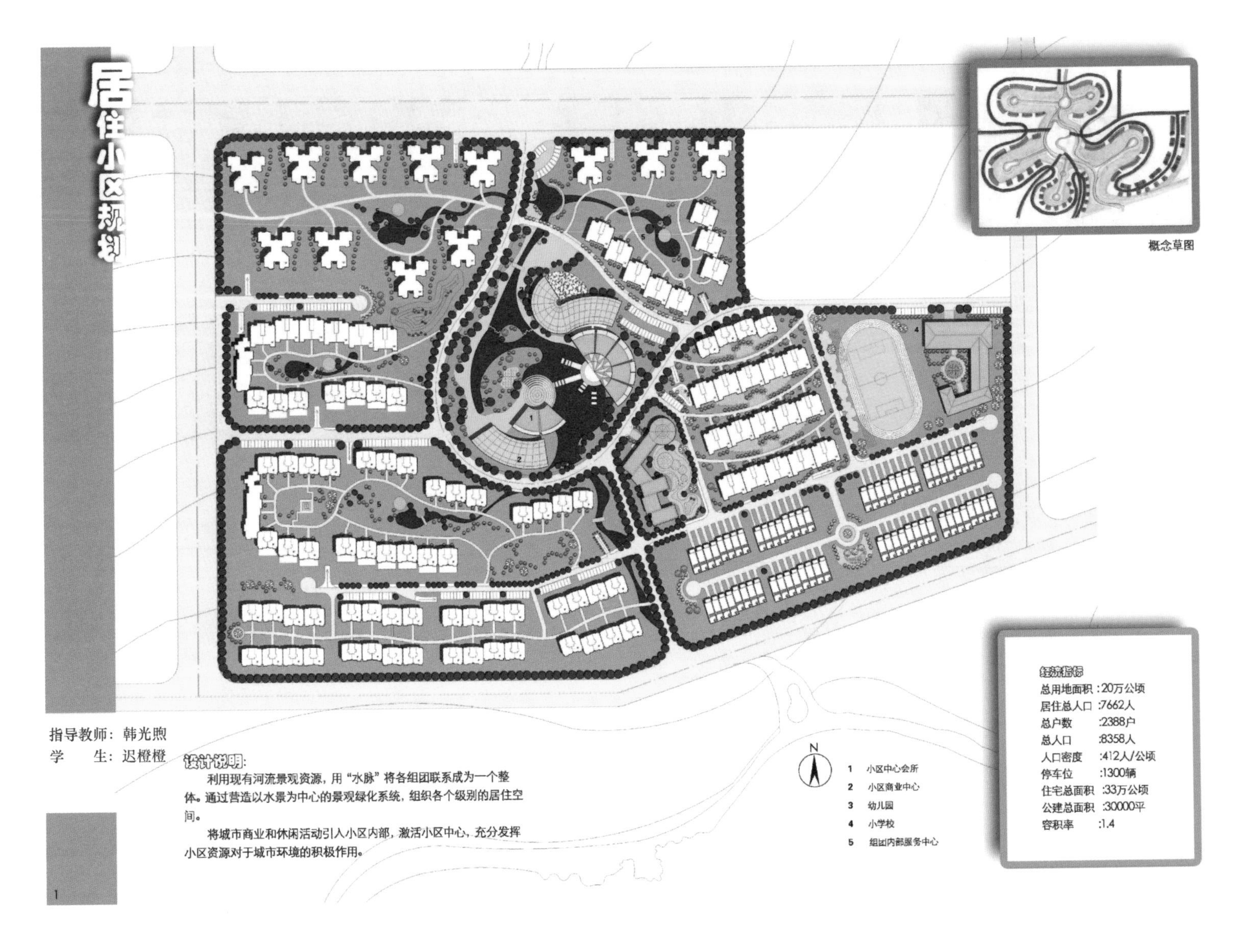

作品点评：

四个车行出口和流畅的道路线型均衡地划分组团空间。沿水系布置的公共建筑体型丰富，有利于将城市文化生活引入社区。西南组团车行尽端路过长。

居住小区规划

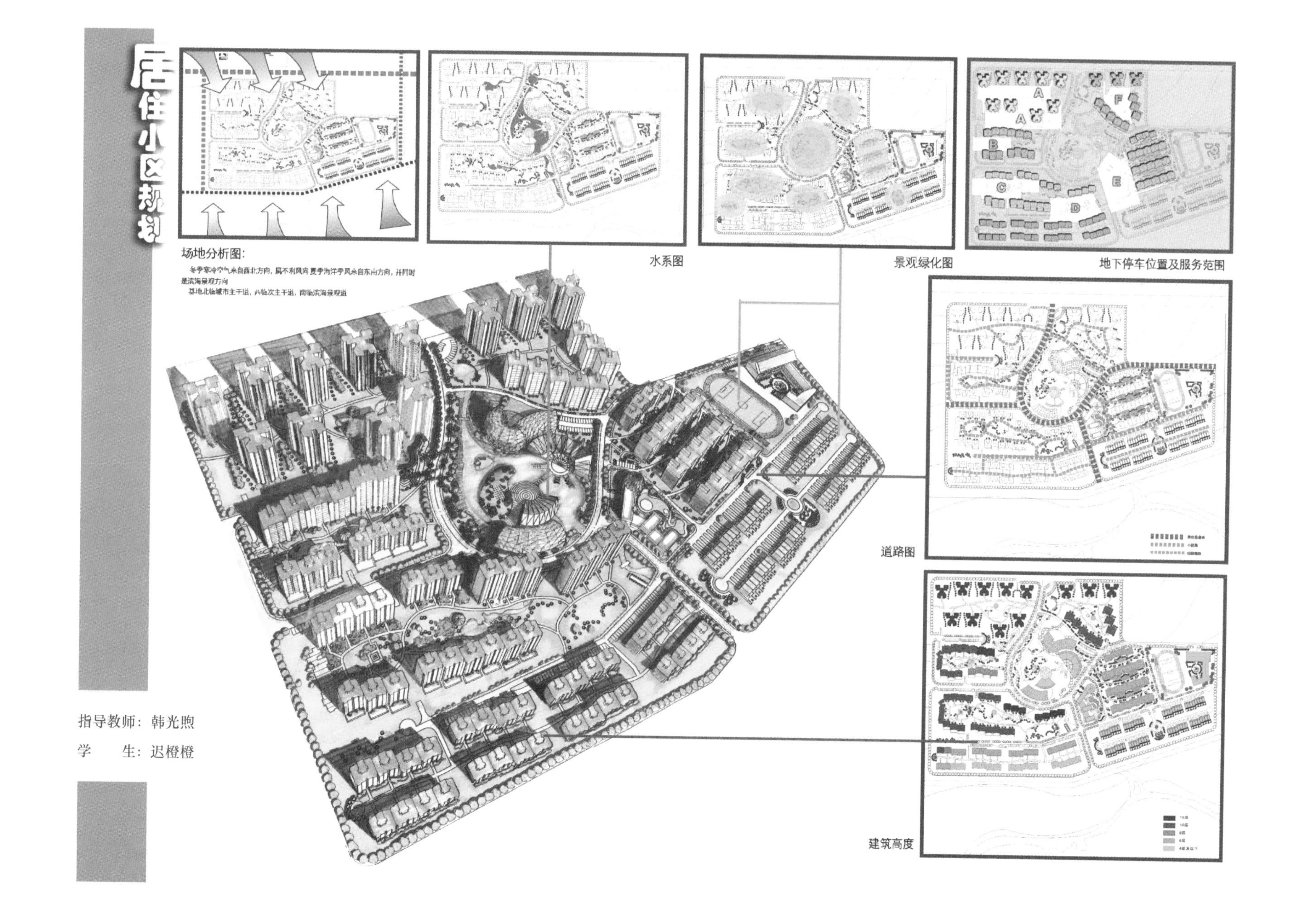

指导教师：韩光煦

学　　生：迟橙橙

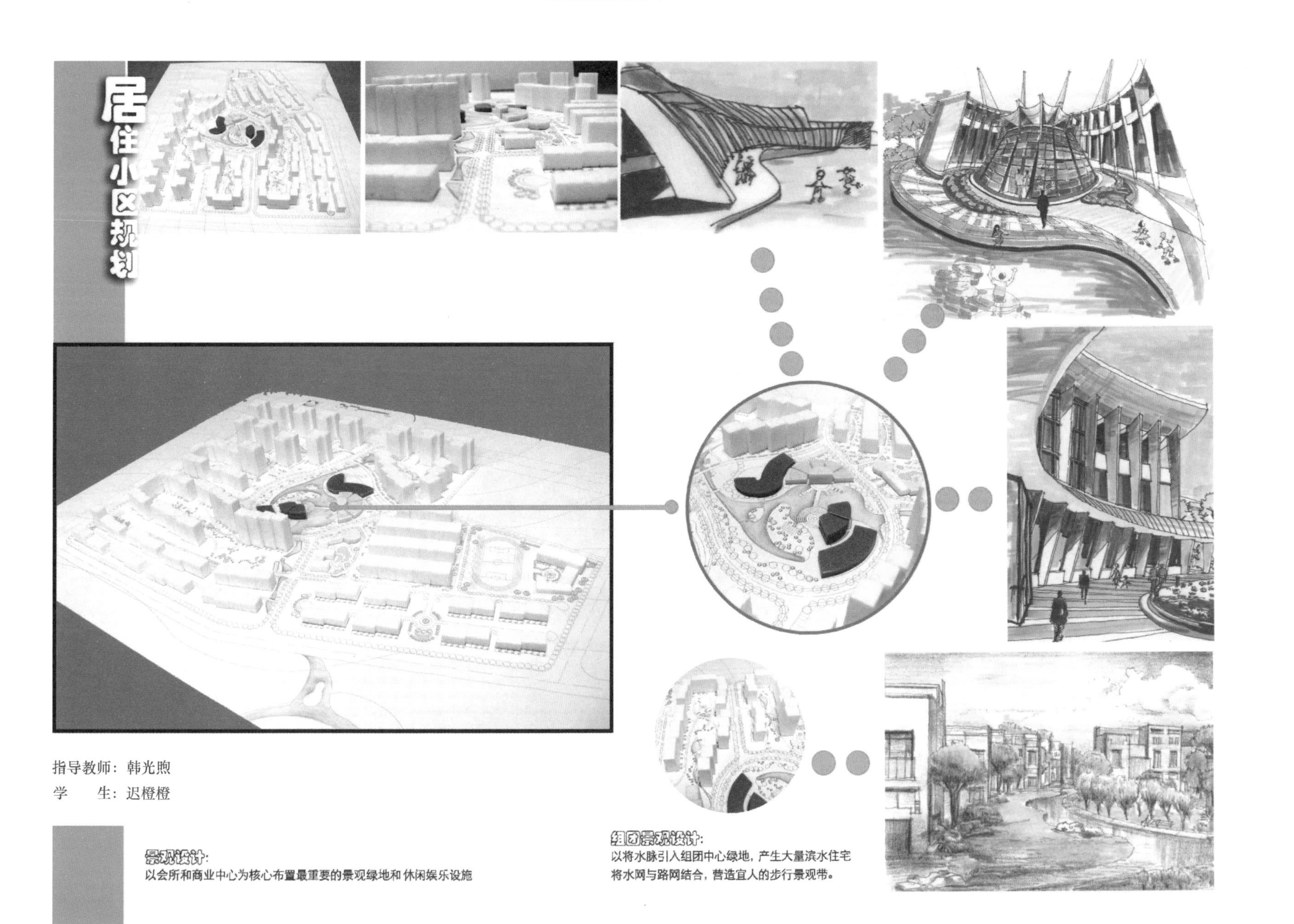

指导教师：韩光煦
学　　生：迟橙橙

景观设计：
以会所和商业中心为核心布置最重要的景观绿地和 休闲娱乐设施

组团景观设计：
以将水脉引入组团中心绿地，产生大量滨水住宅
将水网与路网结合，营造宜人的步行景观带。

居住小区规划

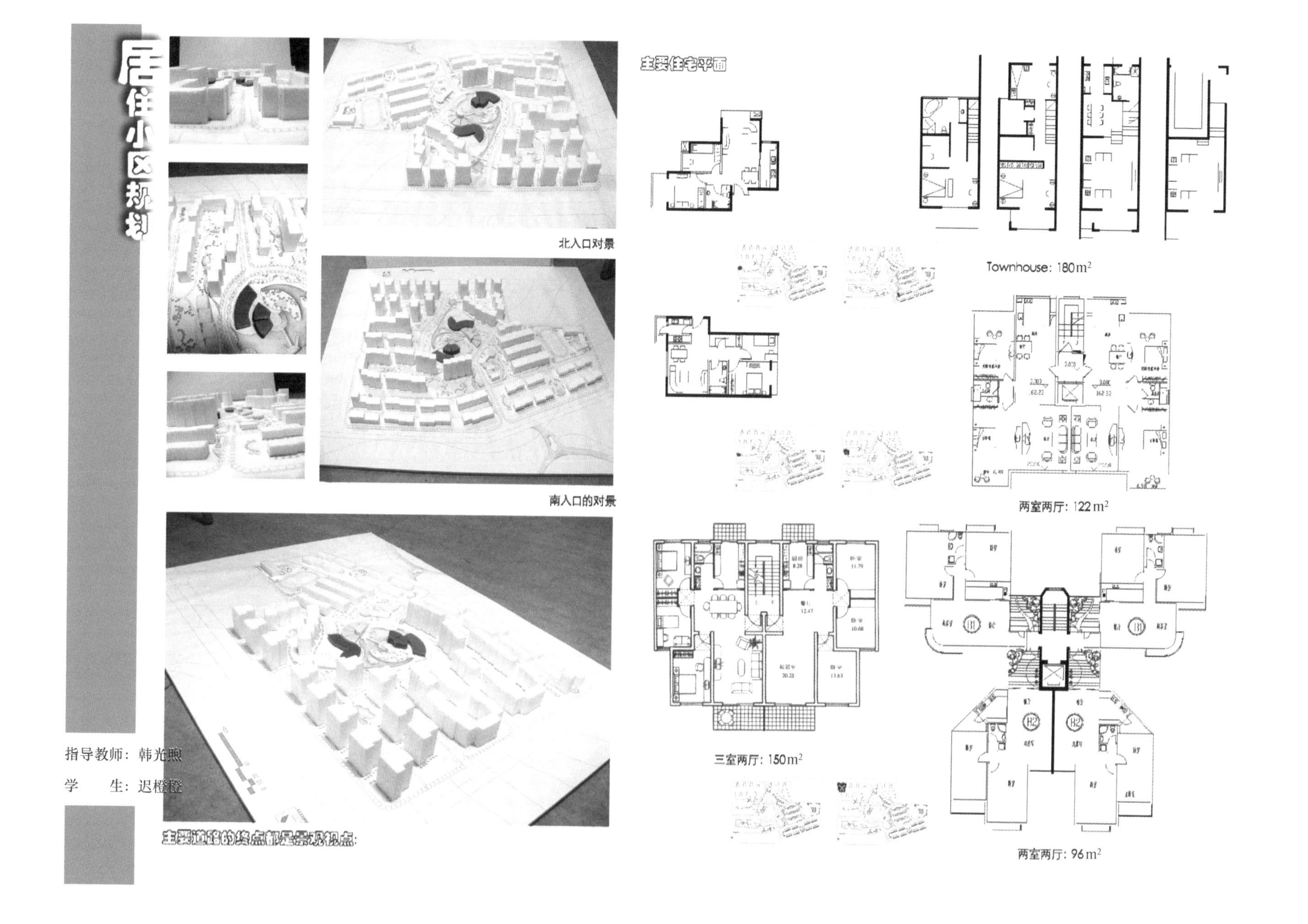

指导教师：韩光煦

学　　生：迟橙橙

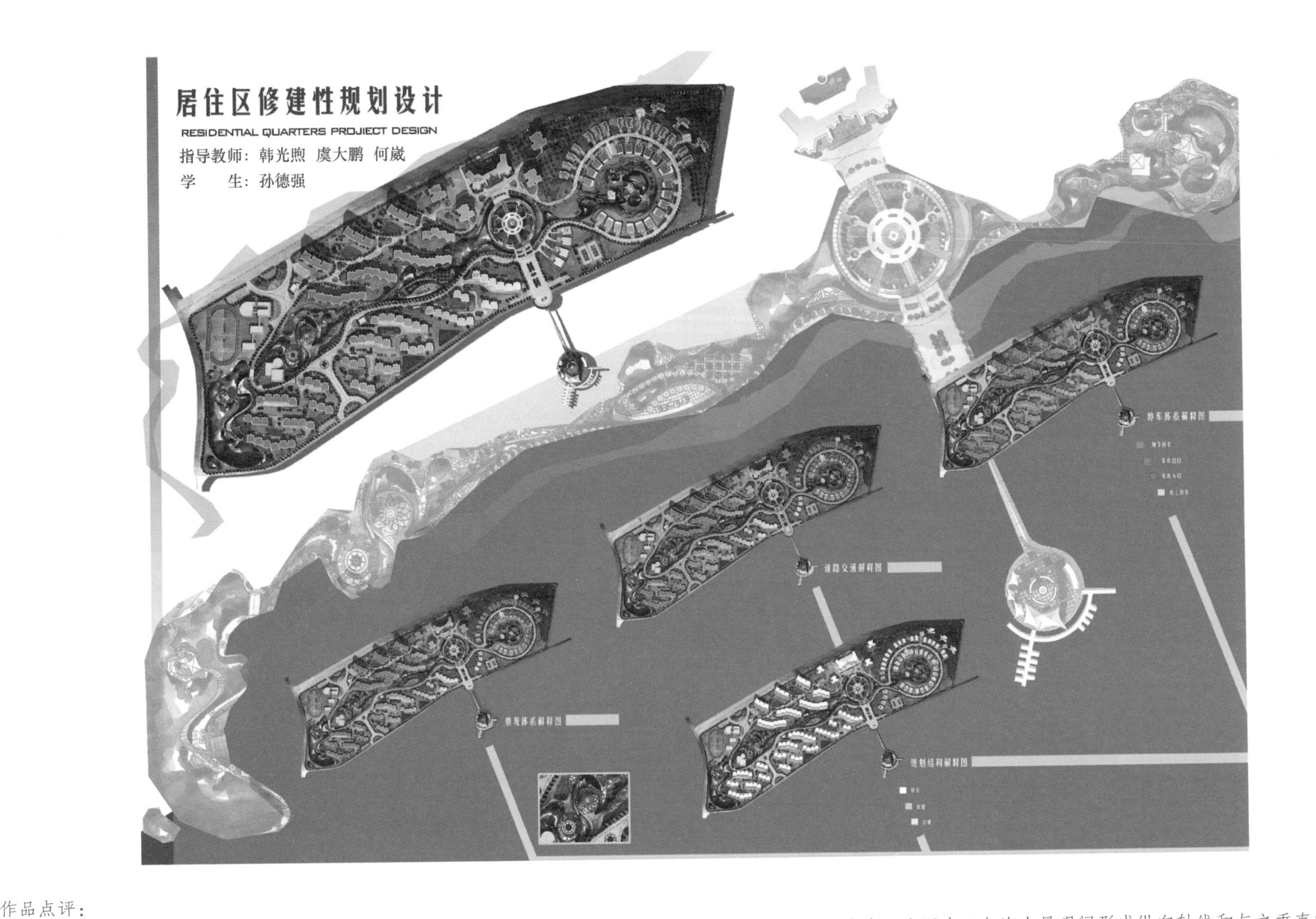

作品点评：

方案中高层、多层、别墅分区明确。空间组织自由流畅，住宅朝向良好，有利通风。交通组织有序。小区中心与海上景观间形成纵向轴线和与之垂直的区内横向林荫步道将各景点组织起来，构成完整的景观系统。整个规划体现了浓郁的海滨建筑特征。

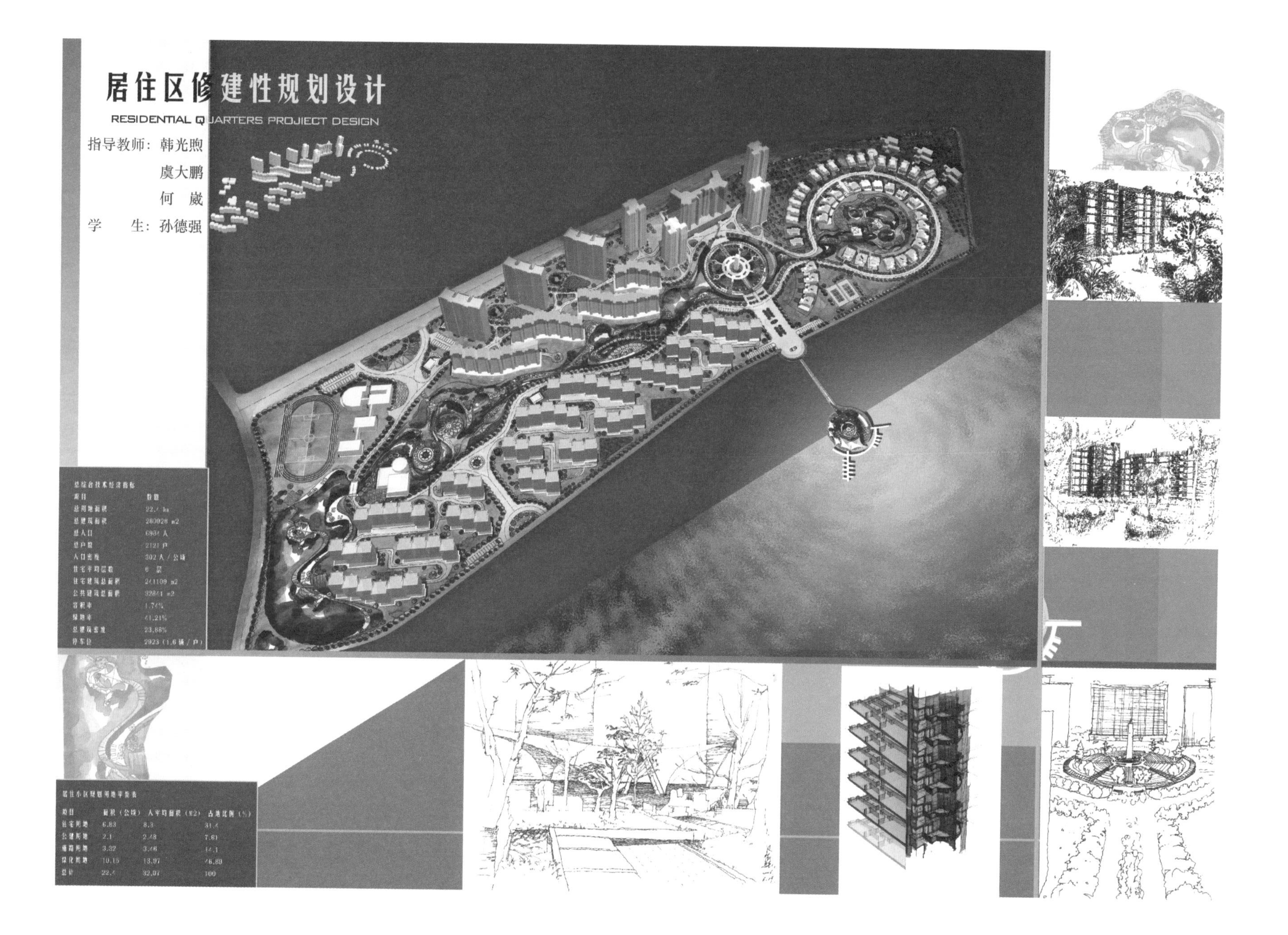

总综合技术经济指标

项目	数据
总用地面积	22.4 ha
总建筑面积	280928 m2
总人口	6984 人
总户数	2121 户
人口密度	302 人／公顷
住宅平均层数	6 层
住宅建筑总面积	241109 m2
公共建筑总面积	32841 m2
容积率	1.74%
绿地率	41.21%
总建筑密度	23.88%
停车位	2923（1.6辆／户）

居住小区规划用地平衡表

项目	面积（公顷）	人平均面积（M2）	占地比例（%）
住宅用地	6.83	8.3	31.4
公建用地	2.1	2.48	7.61
道路用地	3.32	3.46	14.1
绿化用地	10.15	13.97	46.89
总计	22.4	32.07	100

居住区修建性规划设计
RESIDENTIAL QUARTERS PROJECT DESIGN
指导教师：韩光煦 虞大鹏 何崴
学　　生：孙德强

居住区修建性规划设计

RESIDENTIAL QUARTERS PROJECT DESIGN

指导教师：韩光煦　虞大鹏　何崴

学　　生：孙德强

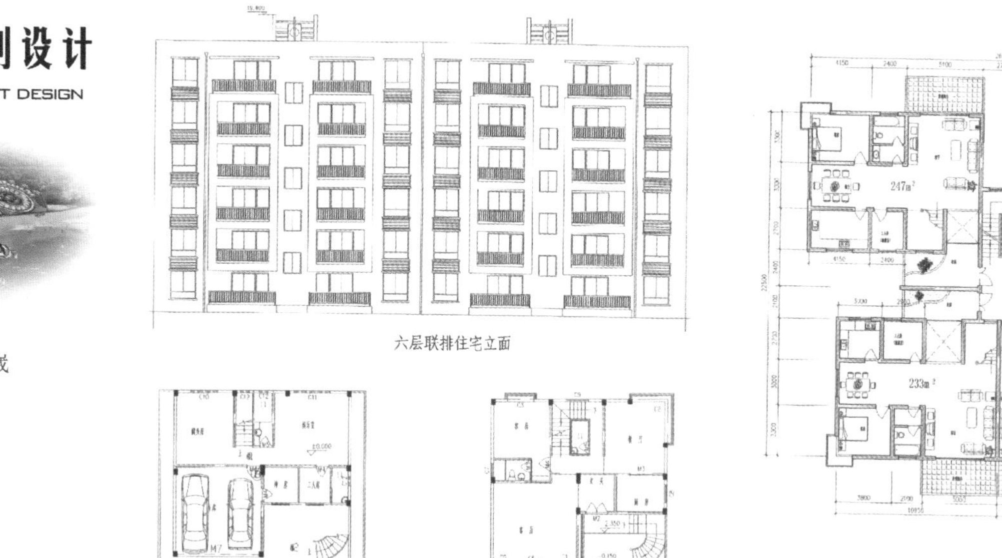

六层联排住宅立面

一层平面 1:100　　别墅单元平面　　二层平面 1:100

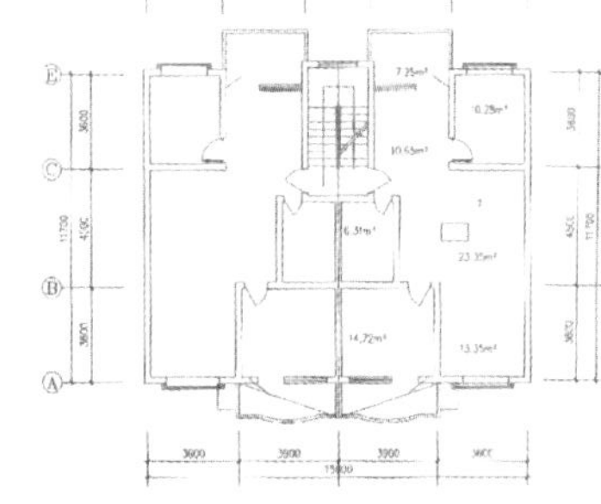

塔楼 1:100

十层的住宅的联排单元平面 1:100

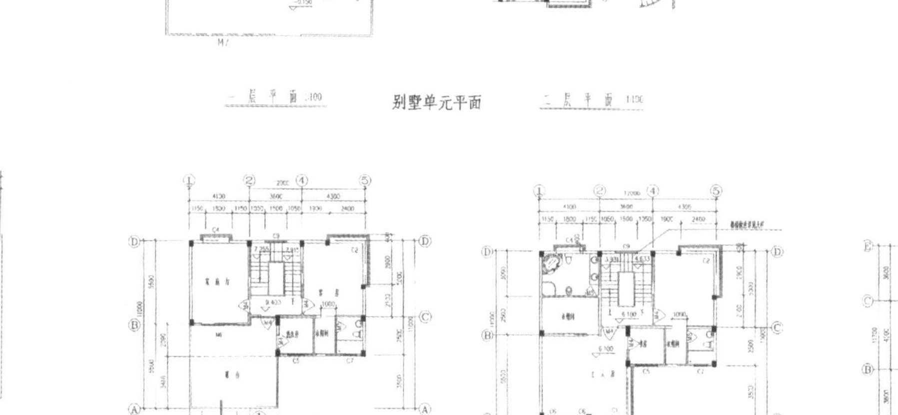

四层平面 1:100　　别墅单元平面　　三层平面 1:100

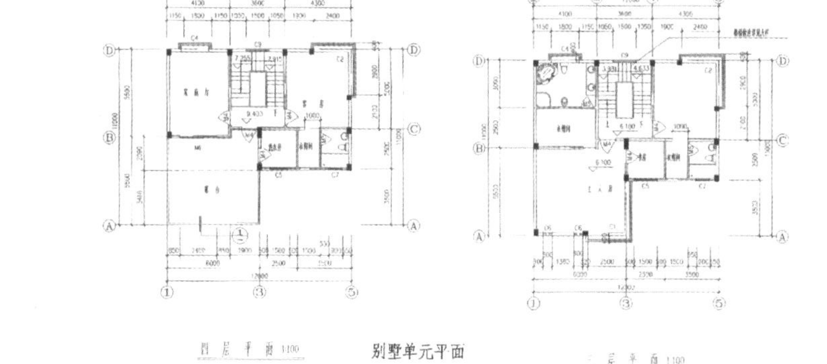

六层的住宅的联排单元平面 1:100

居住区修建性详细规划

指导教师：韩光煦 虞大鹏 何 崴
学　　生：罗宇杰

作品点评：

组团规划完整清晰，交通组织均衡流畅，人车分流明确，公共建筑布置得当，方便服务。景观系统简洁完整。

居住区修建性详细规划

指导教师：韩光煦 虞大鹏 何 崴
学　　生：罗宇杰

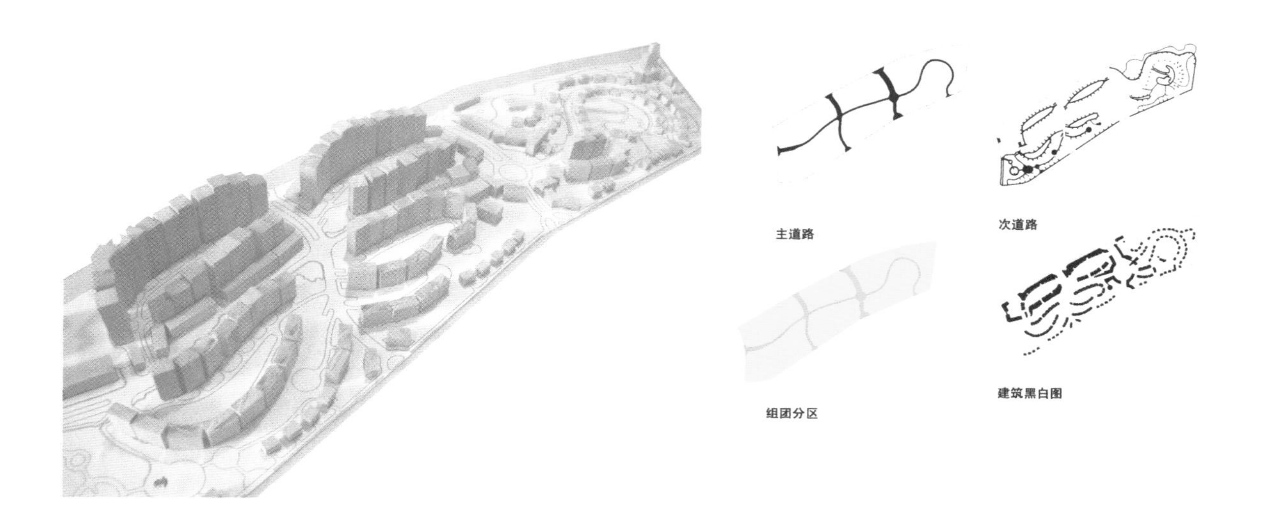

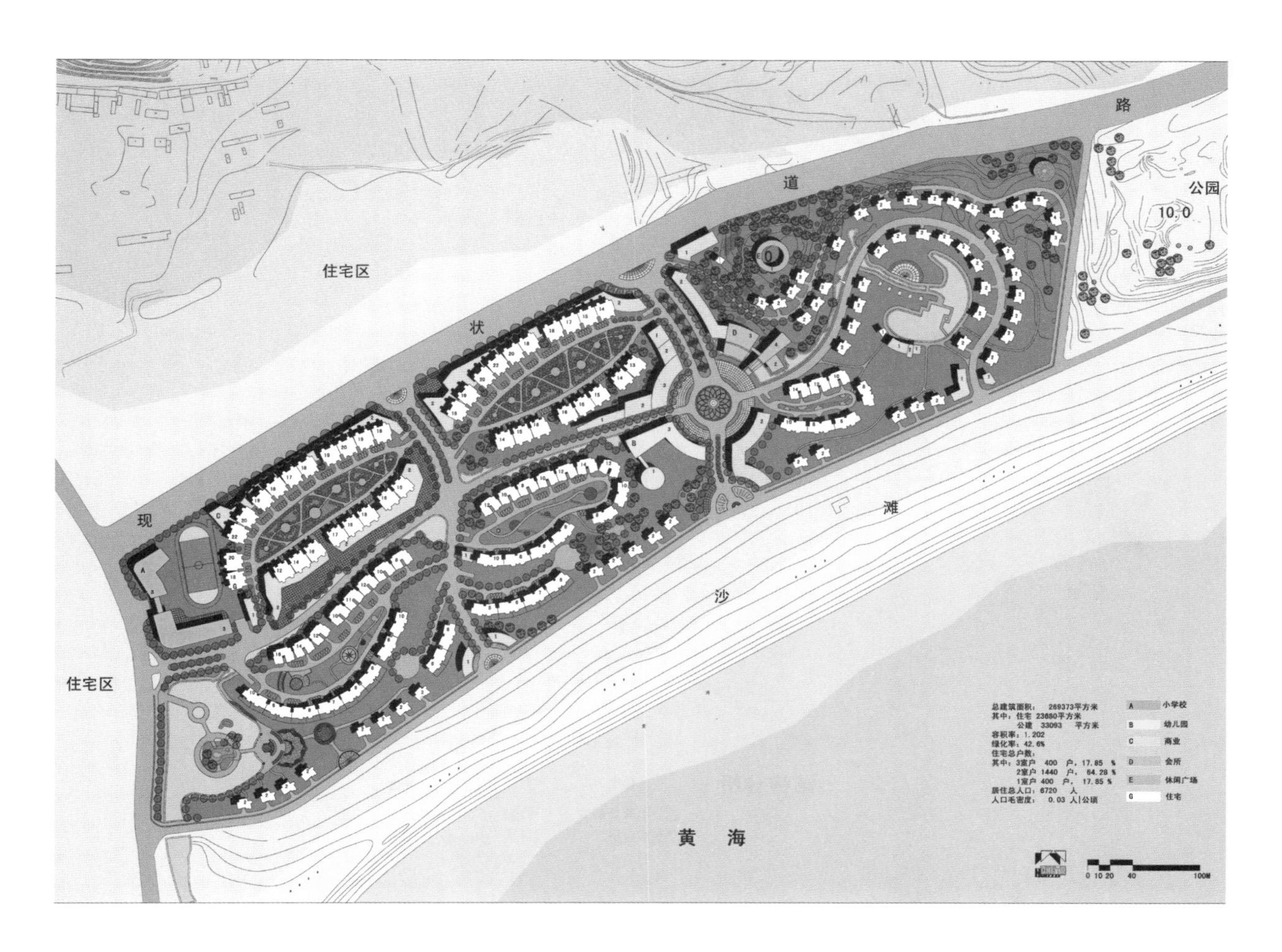

居住区修建性详细规划

指导教师：韩光煦 虞大鹏 何 崴
学 生：罗宇杰

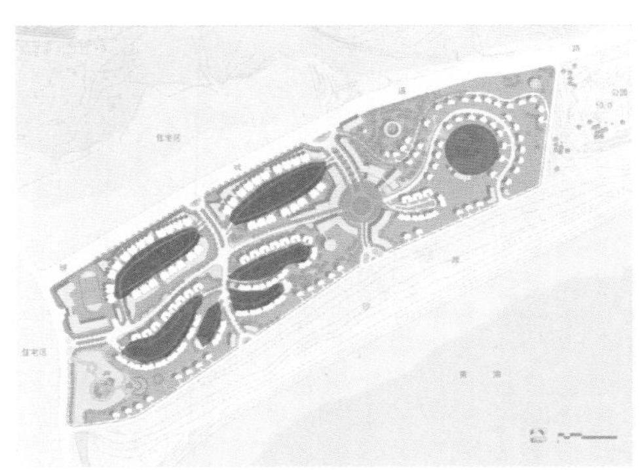

组团空间分析

板式住宅组团

商业中心组团

别墅区组团

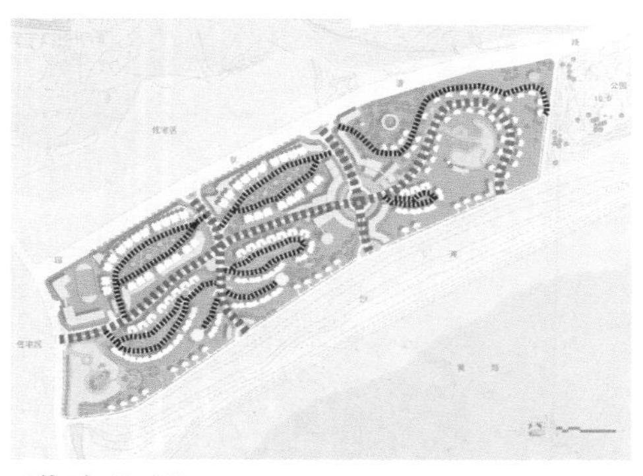

道路分析

小区内主干道

组团道路

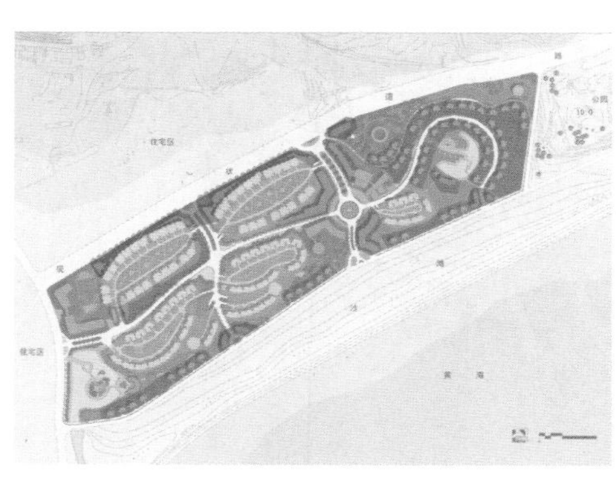

结构分析

住宅

临街商业

别墅

小区内公共建筑

小区内部商业

幼儿园/小学校

居住区修建性详细规划

指导教师：韩光煦 虞大鹏 何 崴
学 生：罗宇杰

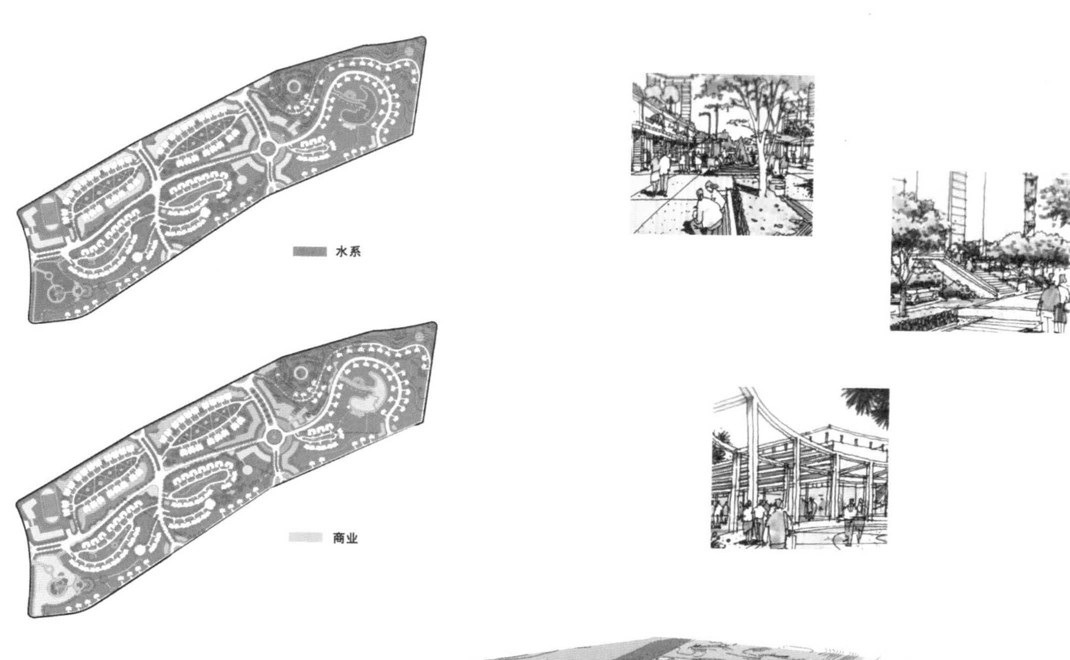

居住区修建性详细规划

指导教师：韩光煦 虞大鹏 何 崴

学　　生：罗宇杰

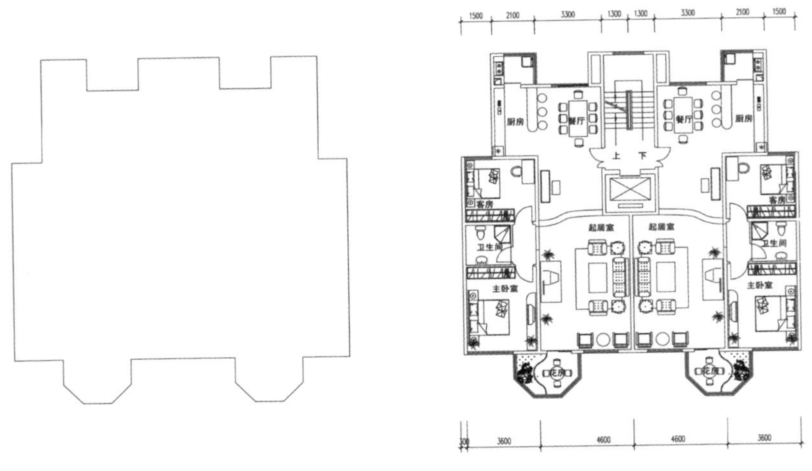

标准单元平面 1:100

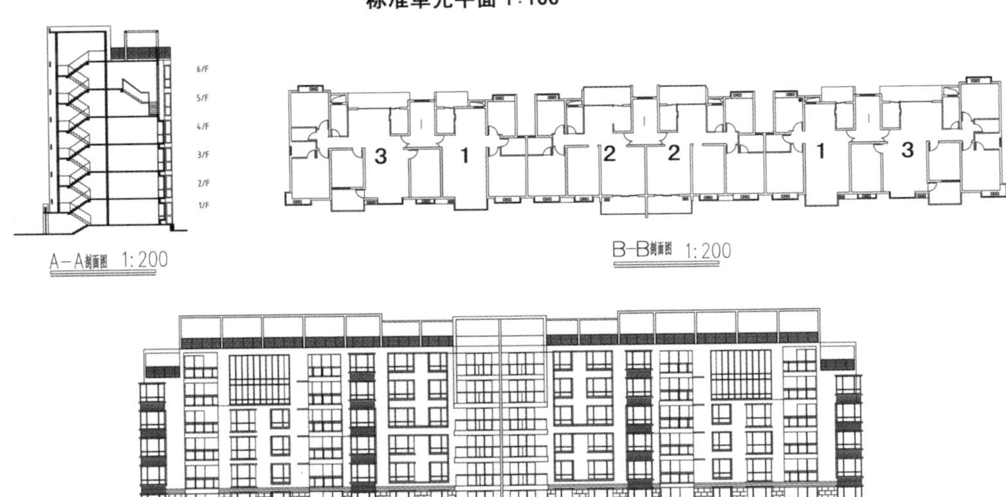

A—A剖面图 1:200

B-B剖面图 1:200

正立面 1:200

背立面 1:200

作品点评：

设计平实中不乏奇巧。十字交叉的曲线道路将用地划分成均衡的组团空间，住宅环境与朝向具有均好性。步行小商业街与联排住宅隔河相望，方便而无干扰。张家浜河边半圆形下沉广场的东西两侧在桥下相通。景观与建筑颇具水乡风貌。

02 方案设计分析

交通分析图

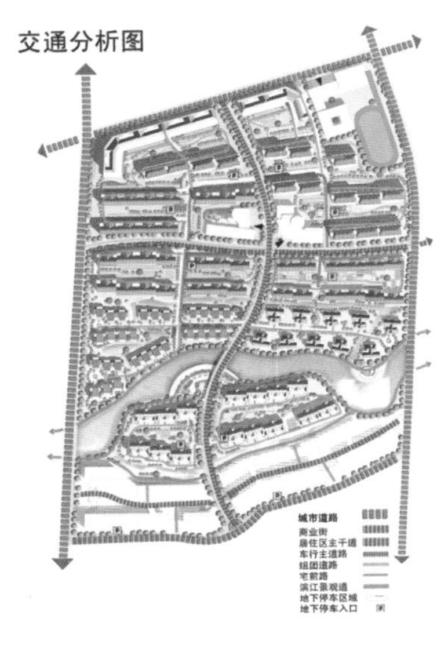

景观分析图

绿化分析图

设计概念：

A地块位于上海，设计以满足南方气候特点为基点，进行总体规划控制，强调分区的合理性。
道路系统：以一条通而不畅的南北贯穿道路打断现有的三段式格局，局部或起或伏，达到周边环境联系的统一性，道路清晰，以保证主要交通的畅通。

景观系统：充分利用张家浜河的水体景观资源，让流水穿梭于住宅之间，空间和景观有节奏地变动，观景丰富生动。并由环居住区的景观带将宅间景观和景观中心区联系，使步行者得到良好的视觉享受。

绿化系统：环区绿化带联系了居住的所有组团绿化，除了大面积的公建绿地外，每个在组团都有自己的绿地系统，以增加各组团的识别性和归属感，加强生态资源和视觉上的相互关联。

西南轴向透视图

指导教师：何崴　虞大鹏　韩光煦　　学生：刘乔

居住区基地A

03 功能布置 户型选型

基地模型图

联排住宅立面图

多层住宅正立面图

住宅与商业街之间的水体景观

功能平面布置图

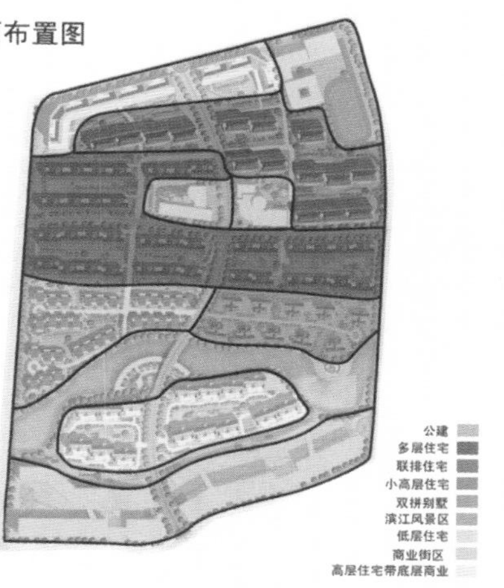

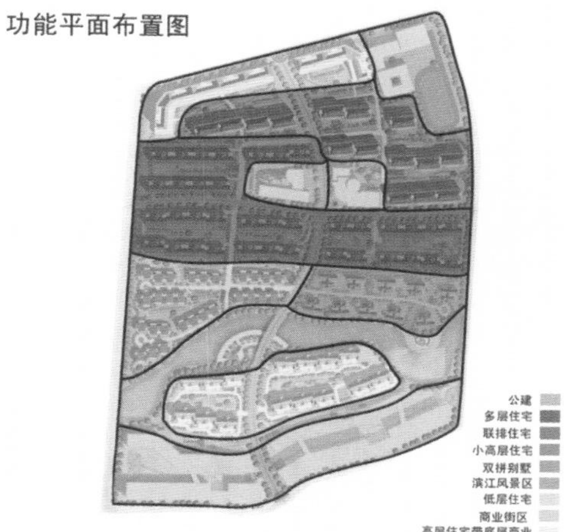

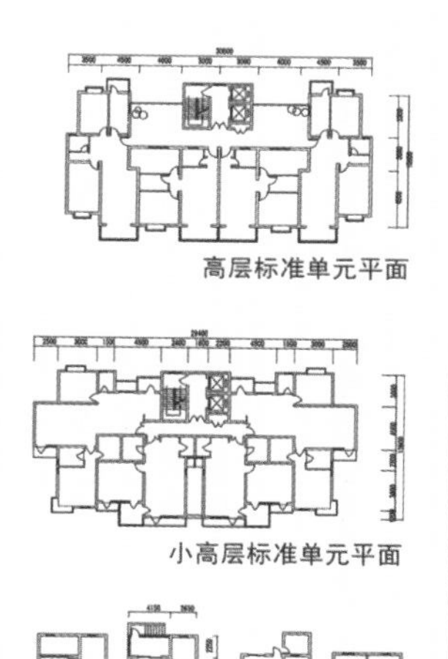

高层标准单元平面

小高层标准单元平面

联排住宅平面

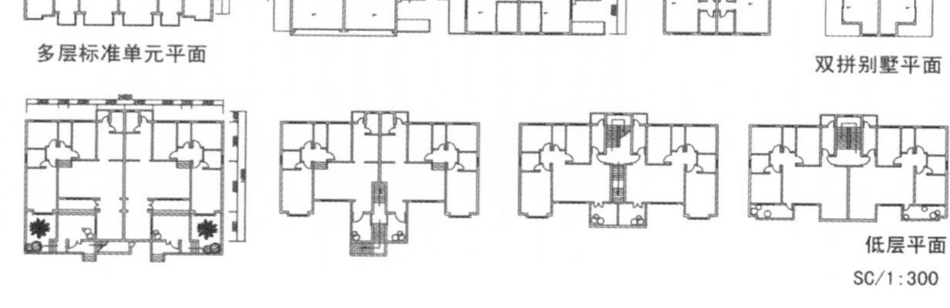

多层标准单元平面

双拼别墅平面

低层平面

SC/1:300

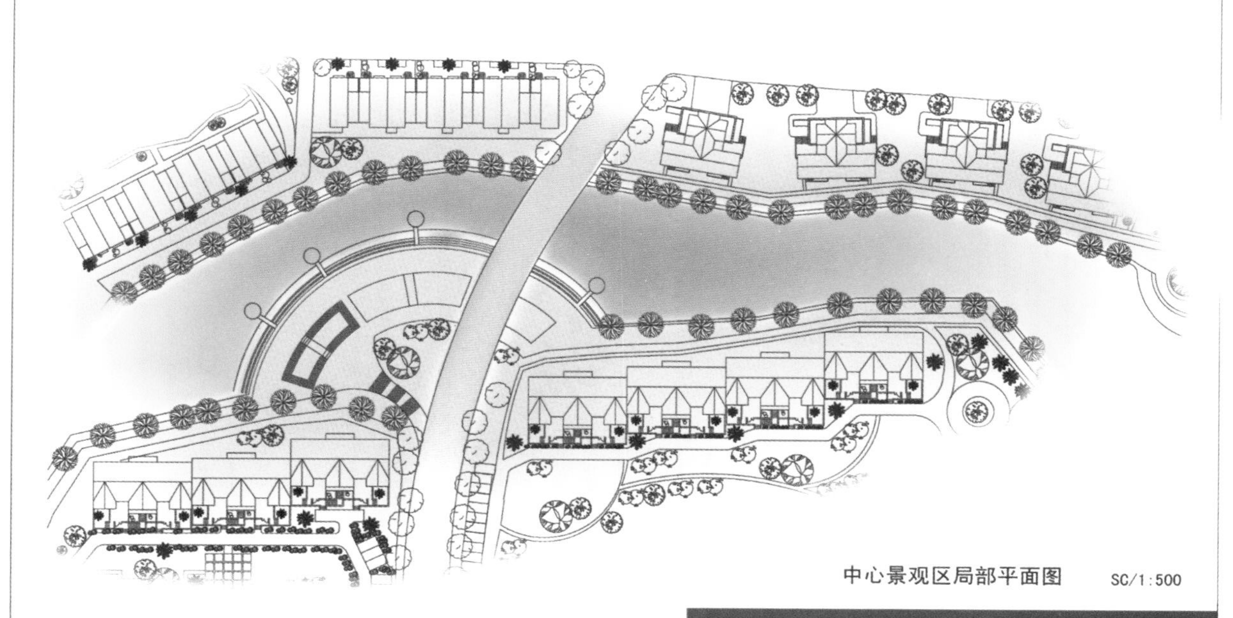

中心景观区局部平面图 SC/1:500

指导教师：何崴 虞大鹏 韩光煦 学生：刘乔

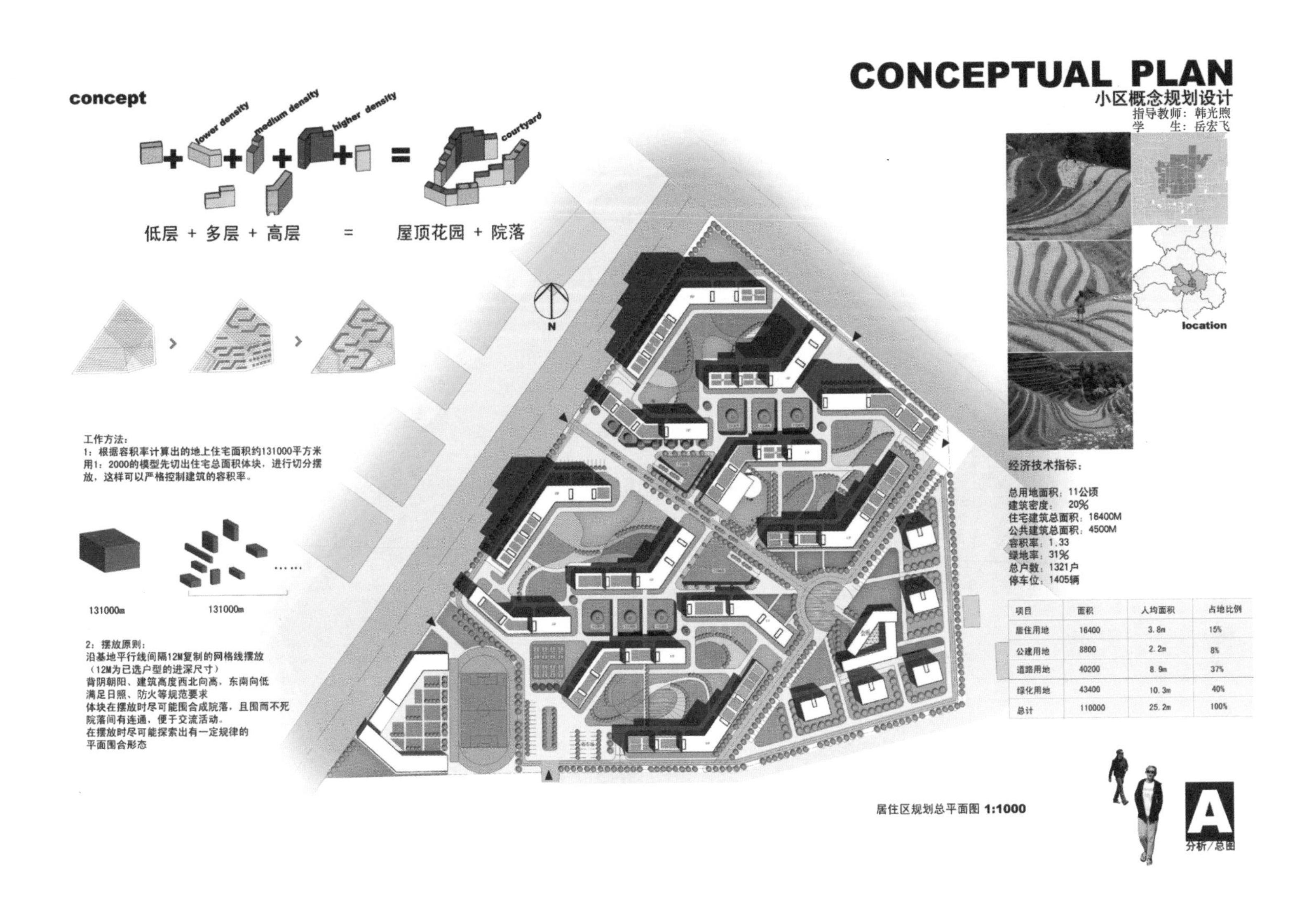

项目	面积	人均面积	占地比例
居住用地	16400	3.8m	15%
公建用地	8800	2.2m	8%
道路用地	40200	8.9m	37%
绿化用地	43400	10.3m	40%
总计	110000	25.2m	100%

作品点评：

以满足基本规划条件为前提，在形式感上有所强调是一种更高的要求，也是艺术院校建筑与环境艺术专业学生应有的追求。该方案在院落空间形态和道路对景方面都作了有益的探索，表现了一种新的设计理念。

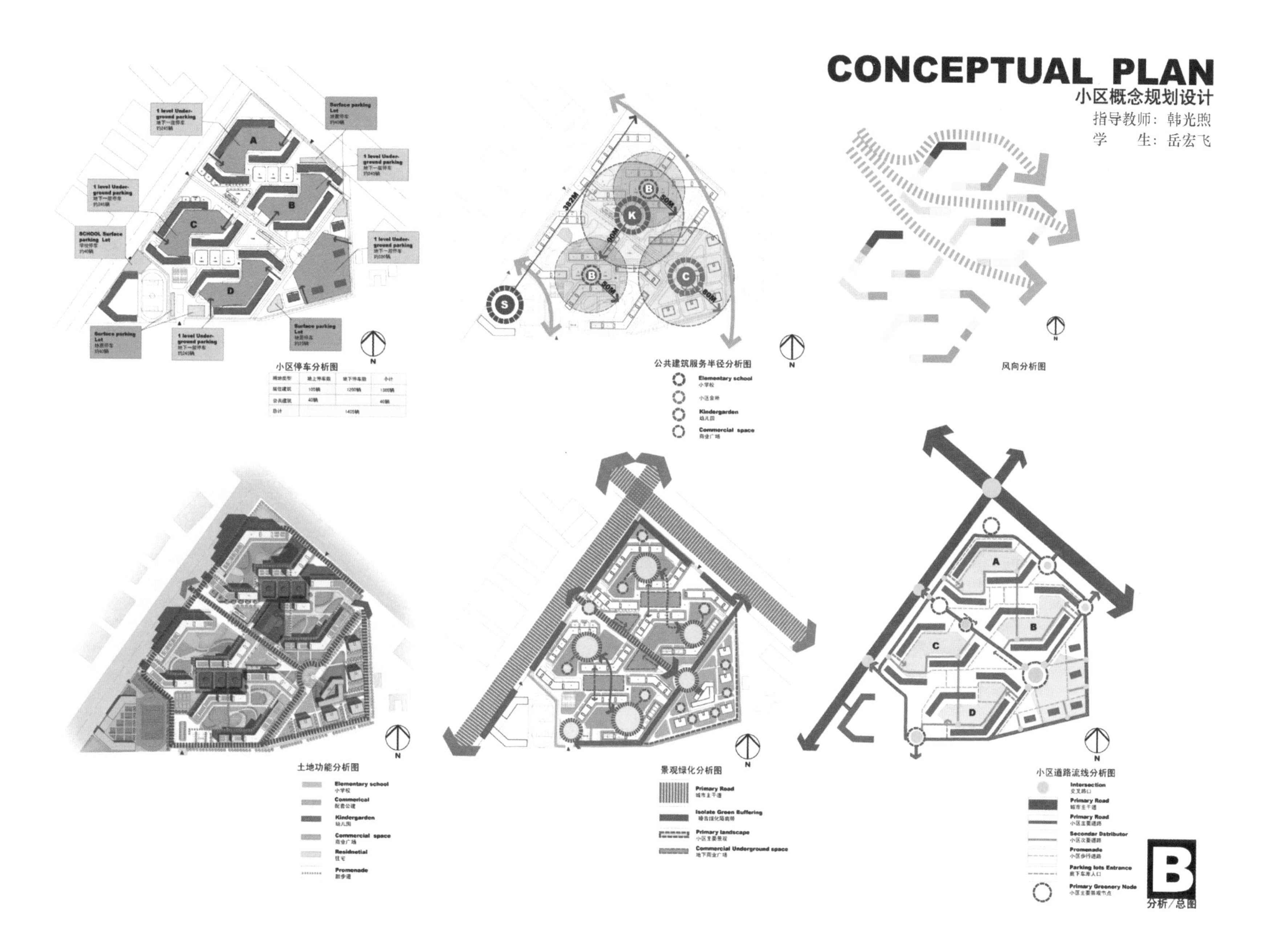
CONCEPTUAL PLAN
小区概念规划设计
指导教师：韩光煦
学　　生：岳宏飞
小区停车分析图
公共建筑服务半径分析图
Elementary school
小学校
Kindergarden
幼儿园
Commercial space
商业广场
风向分析图
土地功能分析图
Elementary school
小学校
Commerical
配套公建
Kindergarden
幼儿园
Commercial space
商业广场
Residnetial
住宅
Promenade
散步道
景观绿化分析图
Primary Road
城市主干道
Isolate Green Buffering
隔音绿化隔离带
Primary landscape
小区主要景观
Commercial Underground space
地下商业广场
小区道路流线分析图
Intersection
交叉路口
Primary Road
城市主干道
Primary Road
小区主要道路
Secondar Distributor
小区次要道路
Promenade
小区步行通路
Parking lots Entrance
地下车库入口
Primary Greenery Node
小区主要景观节点
B
分析/总图

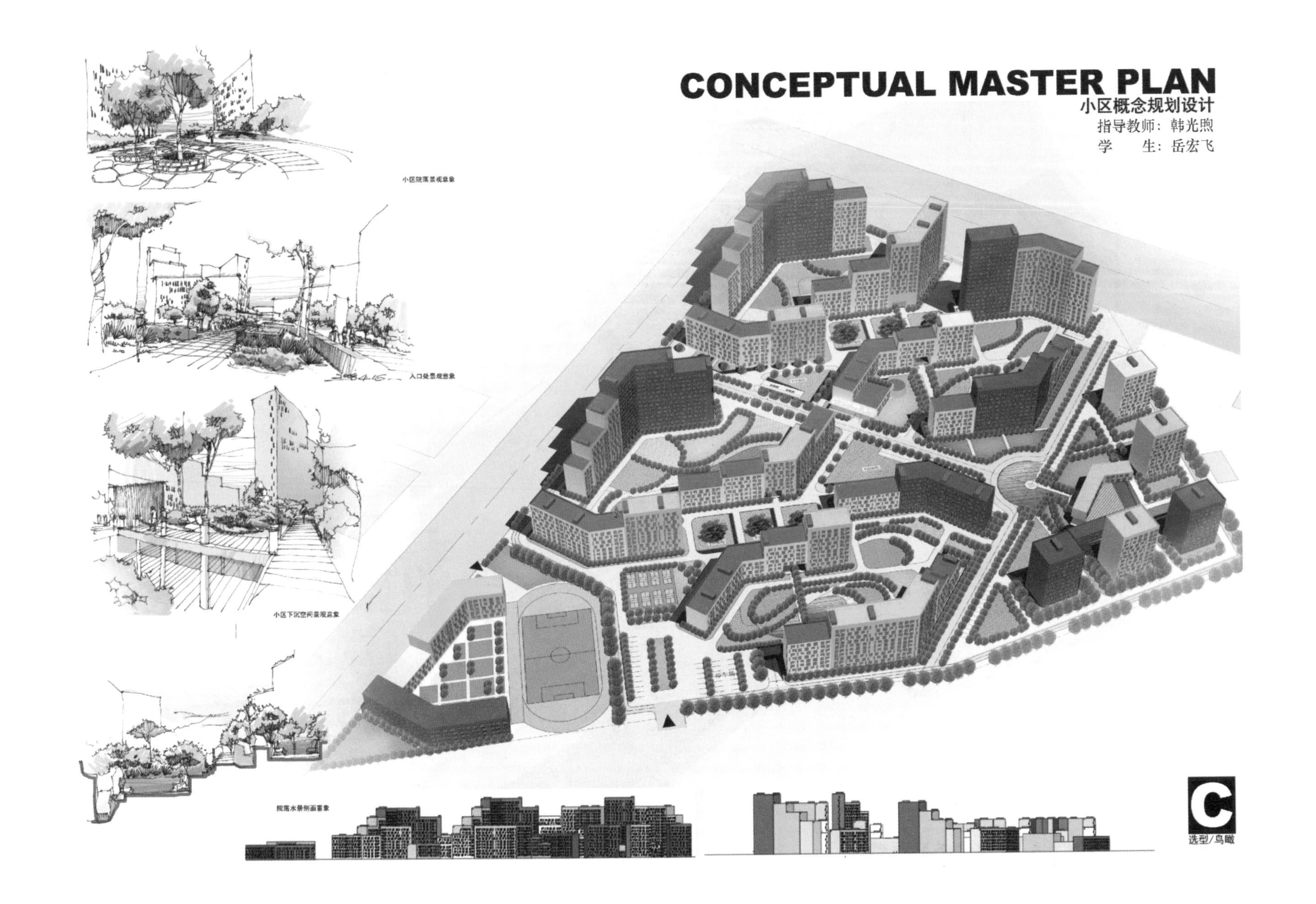
CONCEPTUAL MASTER PLAN
小区概念规划设计
指导教师：韩光煦
学　　生：岳宏飞
小区院落景观意象
入口处景观意象
小区下沉空间景观意象
院落水景剖面意象
C
选型/鸟瞰

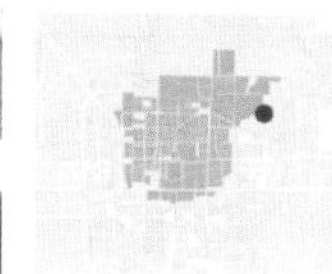
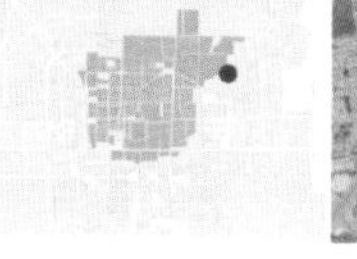

户型选型

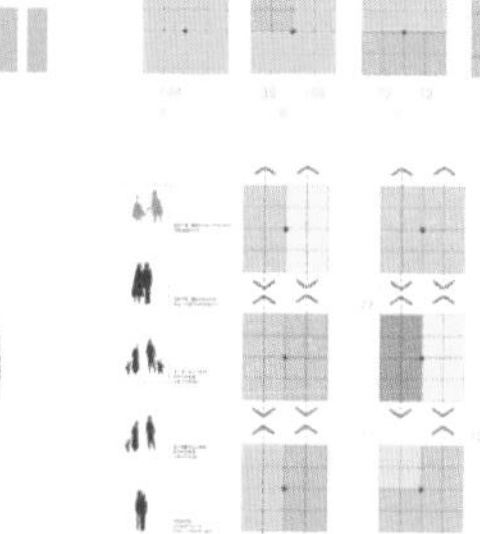
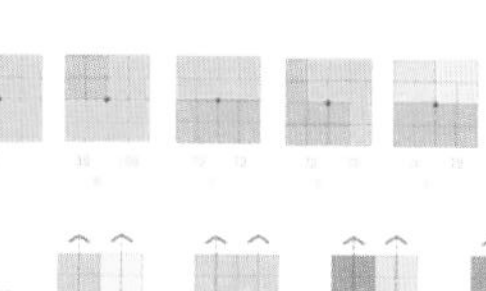

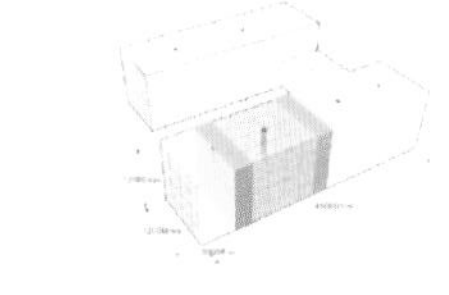
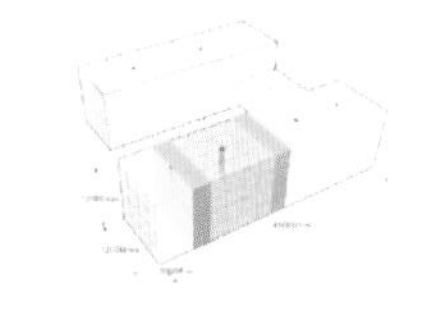
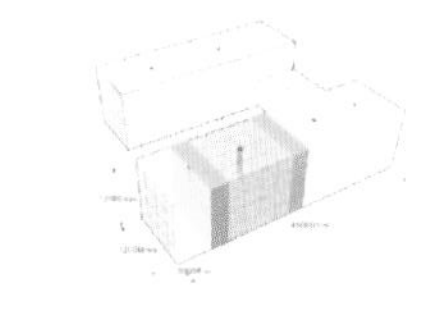
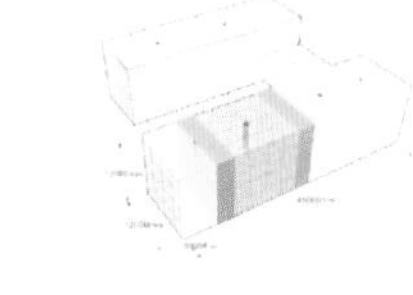
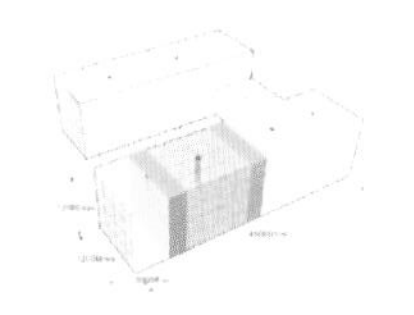
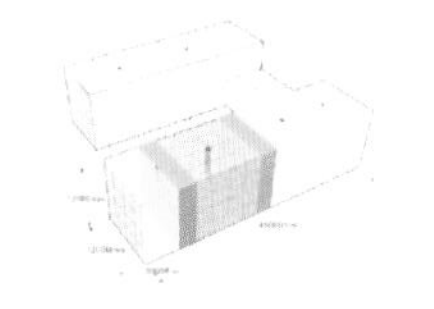
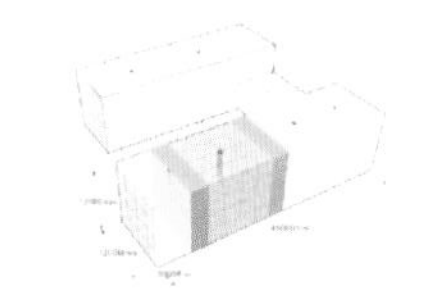
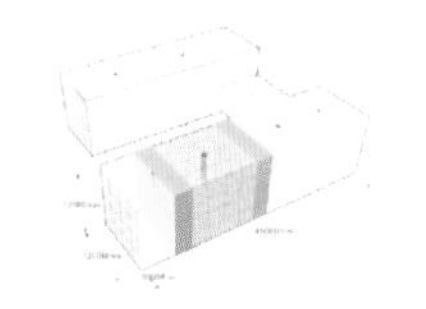
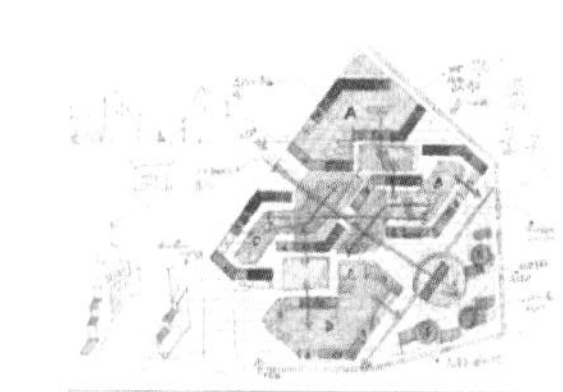
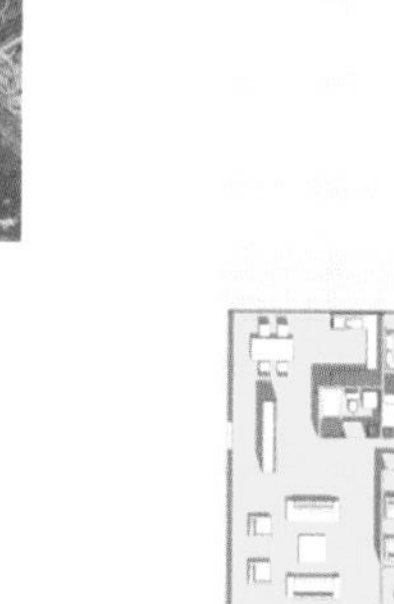
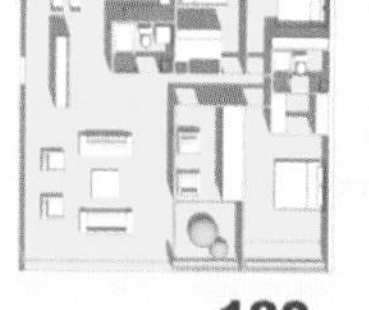
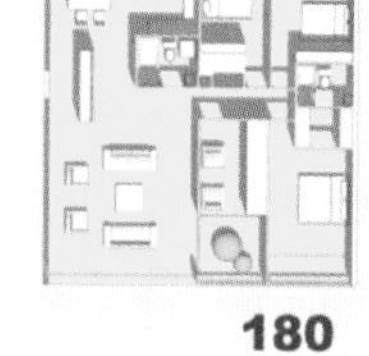

小区绿化景观/建筑选型

CONCEPTUAL PLAN

小区概念规划设计

指导教师：韩光煦
学　　生：岳宏飞

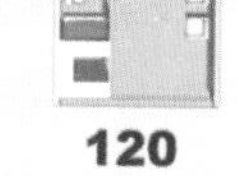

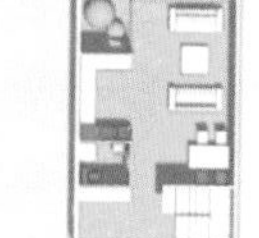

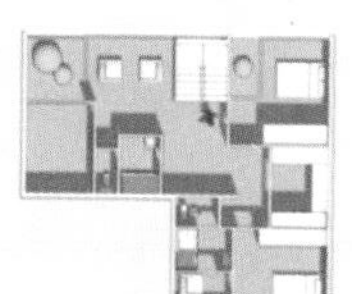

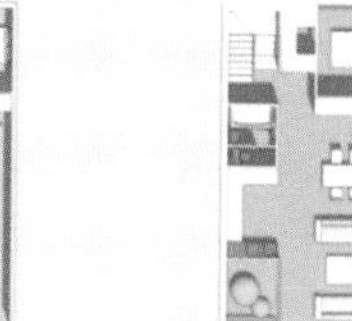

180

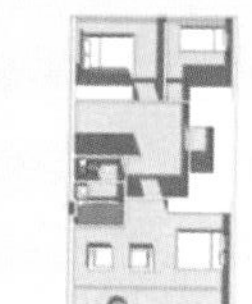

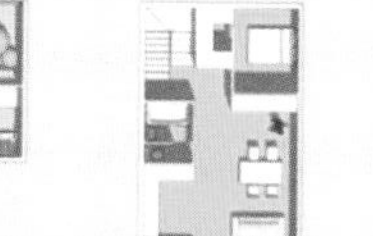

180

180

210

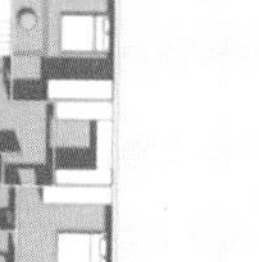
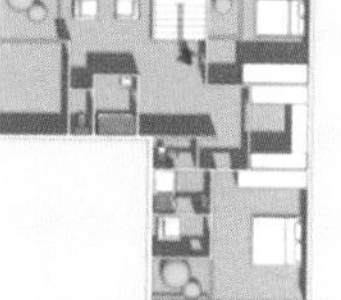
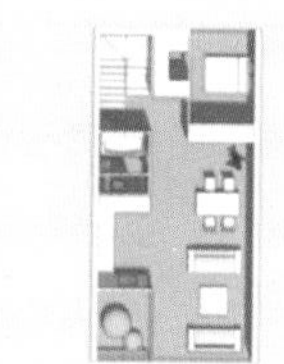

90

210

150

120

D
造型/鸟瞰

居住区修建性详细规划

指导教师：戎安 韩光煦　　学生：张德静　　N01

草地绿化
人工湖面
地面硬质铺装
景观绿化树
道旁树
露地停车场
景观人行小道
人行路
车行路
公共建筑
住宅建筑

N
0 25 50 100M

本项目选地在北京东北四环路边缘的太阳宫公园，北面为大型居住社区——望京，自然环境条件十分优越，得天独厚，南环太阳宫公园，内绕大面积人工湖面并与高档居住区顺景园相隔数十几公顷的绿茵高尔夫球场。

项目定位于“集居住，工作，购物，娱乐”等功能的复合型现代化居住之城。规划设计的目标是最重环境与建筑文脉建设具有活力的完整居住社区，体现好的城市形态，打造健康，舒适的环境。

作品点评：

北侧沿街的高层塔楼和西侧折线形的商业建筑都表现出对城市道路的照应和街景的韵律感。区内T形干道与水系蜿蜒交错，公共建筑、场地适时地出现在其左右，空间与景观系统呈现出宁静与祥和的气氛。

居住区修建性详细规划

指导教师：戎安　韩光煦　　　　学生：张德静

N02

项目的规划注意保护和利用自然因素，用“双曲弧线”型主道将整个地形分为三个大的居住区域。别墅组团的联排别墅依傍在水系在环境清幽静雅的东南部，濒临南湖公园的大片景观带，会所和幼儿园傍水而建，形成小区内主要的景观主轴线。各个组团内的庭院空间注意和水系的景观渗透和相互间的流动。以增加人在归家途中的视觉美感体验。

建筑设计刻意于中小户型的形态，造型上最求几何化，简单，时尚，现代。建筑物以多元的材料运用，体现丰富的不同档次，不同风格，可选择性强。

经济技术指标一览表

项　　目	计量单位	数值	所占比重(%)	人均面积（m²/人）
居住区规划用地（R）	hm²	10.91	—	—
(1)住宅用地（R01）	hm²	5.58	51.12	14.70
(2) 公建用地（R02）	hm²	2.20	20.15	5.79
(3)道路用地（R03）	hm²	1.54	14.1	4.05
(4) 公共绿地（R04）	hm²	1.60	14.63	4.20
居住户套数	户（套）	1185	—	—
居住人口	人	3792	—	
户均人口	人/户	3.2		
总建筑面积	万/m²	16.12	—	—
1.居住区用地内建筑总面积	万/m²	16.12	100	42.5
(1) 住宅建筑面积	万/m²	14.44	89.59	38.09
(2) 公建面积	万/m²	1.68	10.41	4.42
住宅平均层数	层	8	—	—
人口毛密度	人/hm²	0.035	—	—
人口净密度	人/hm²	0.210	—	—
停车率	%	1.2	—	—
停车位	辆	1422	—	—
地面停车率	%	10	—	—
地面停车位	辆	140	—	—
住宅建筑净密度	%	8.01	—	—
总建筑密度	%	23.39	—	—
绿地率	%	36.8	—	—
容积率	%	148	—	—

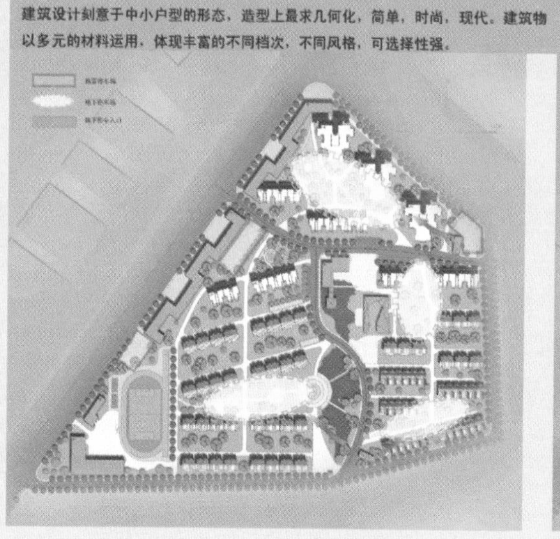

居住区修建性详细规划

指导教师：戎安　韩光煦　　学生：张德静

N03

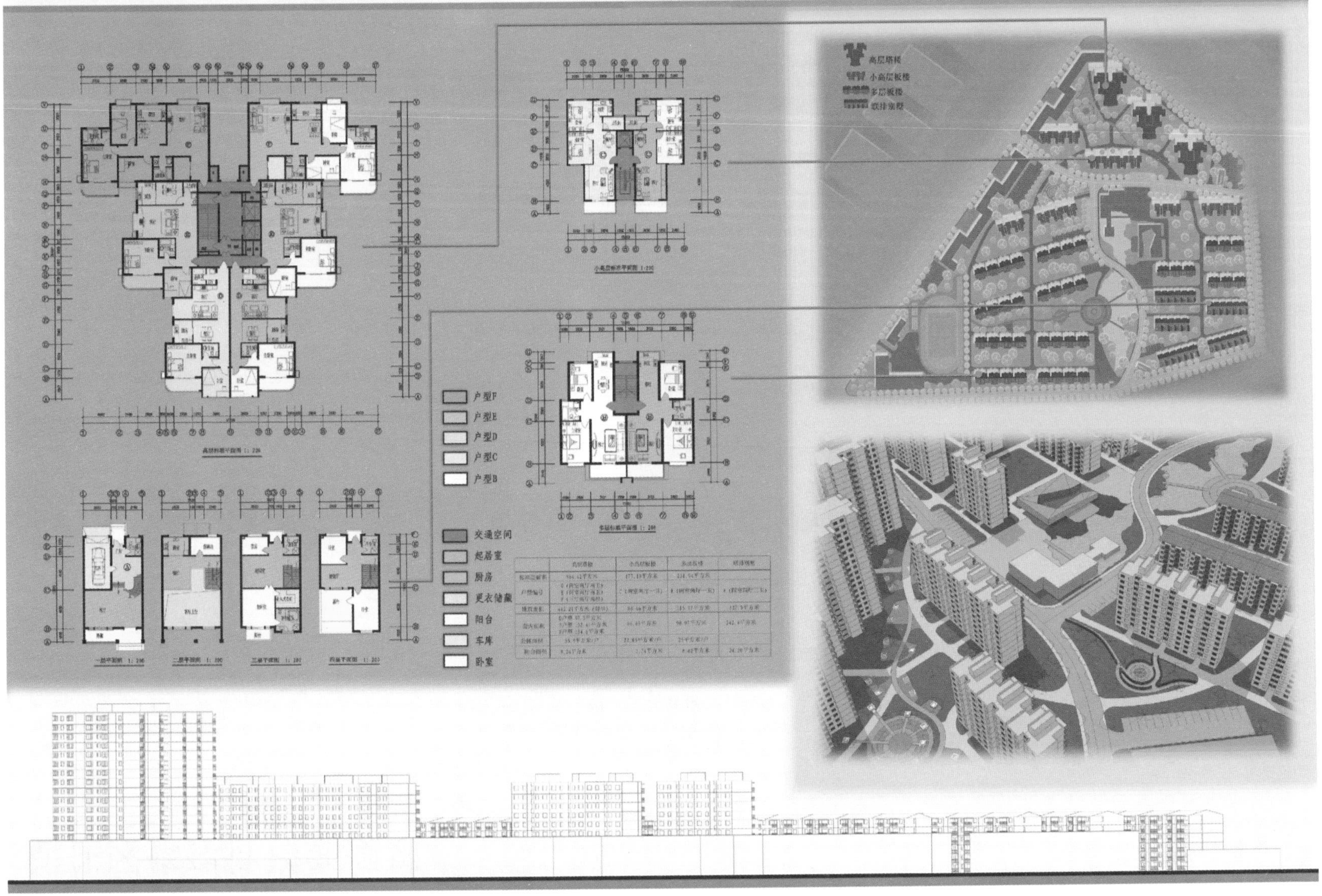

高层塔楼
小高层板楼
多层板楼
联排别墅

户型F
户型E
户型D
户型C
户型B

交通空间
起居室
厨房
更衣储藏
阳台
车库
卧室

	高层塔楼	小高层板楼	多层板楼	联排别墅
[illegible]	[illegible]	[illegible]	[illegible]	
户型编号	[illegible]	[illegible]	[illegible]	[illegible]
[illegible]	[illegible]	[illegible]	[illegible]	[illegible]
[illegible]	[illegible]	[illegible]	[illegible]	[illegible]
[illegible]	[illegible]	[illegible]	[illegible]	
[illegible]	[illegible]	[illegible]	[illegible]	[illegible]

居住区修建性详细规划

指导教师：戎安　韩光煦　　学生：张德静

N04

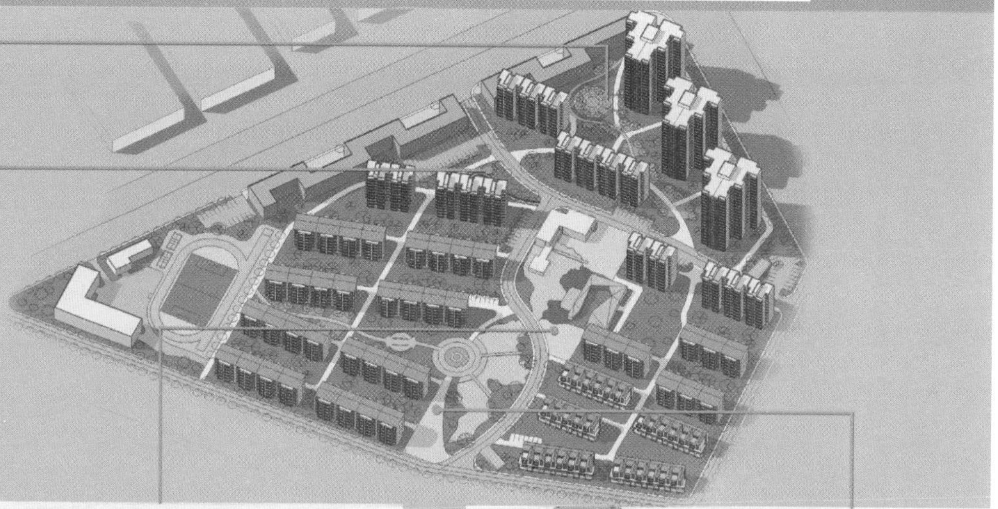

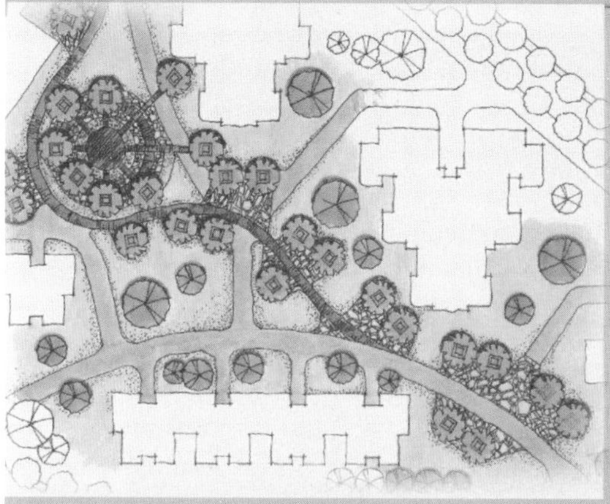

景观节点图

视点2透视效果图

中心景观区

视点1透视效果图

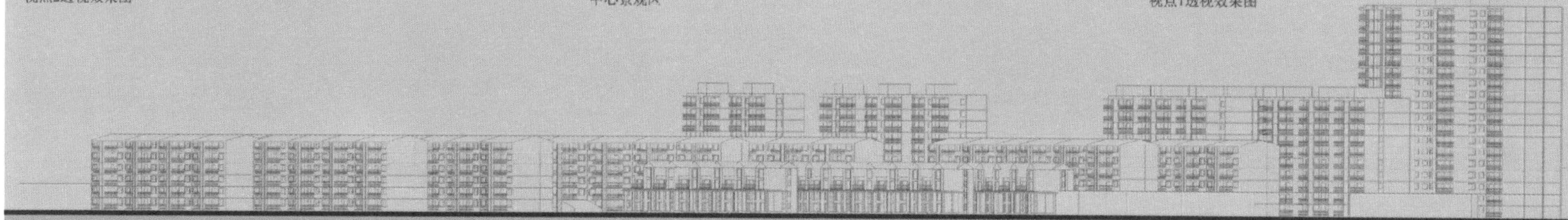

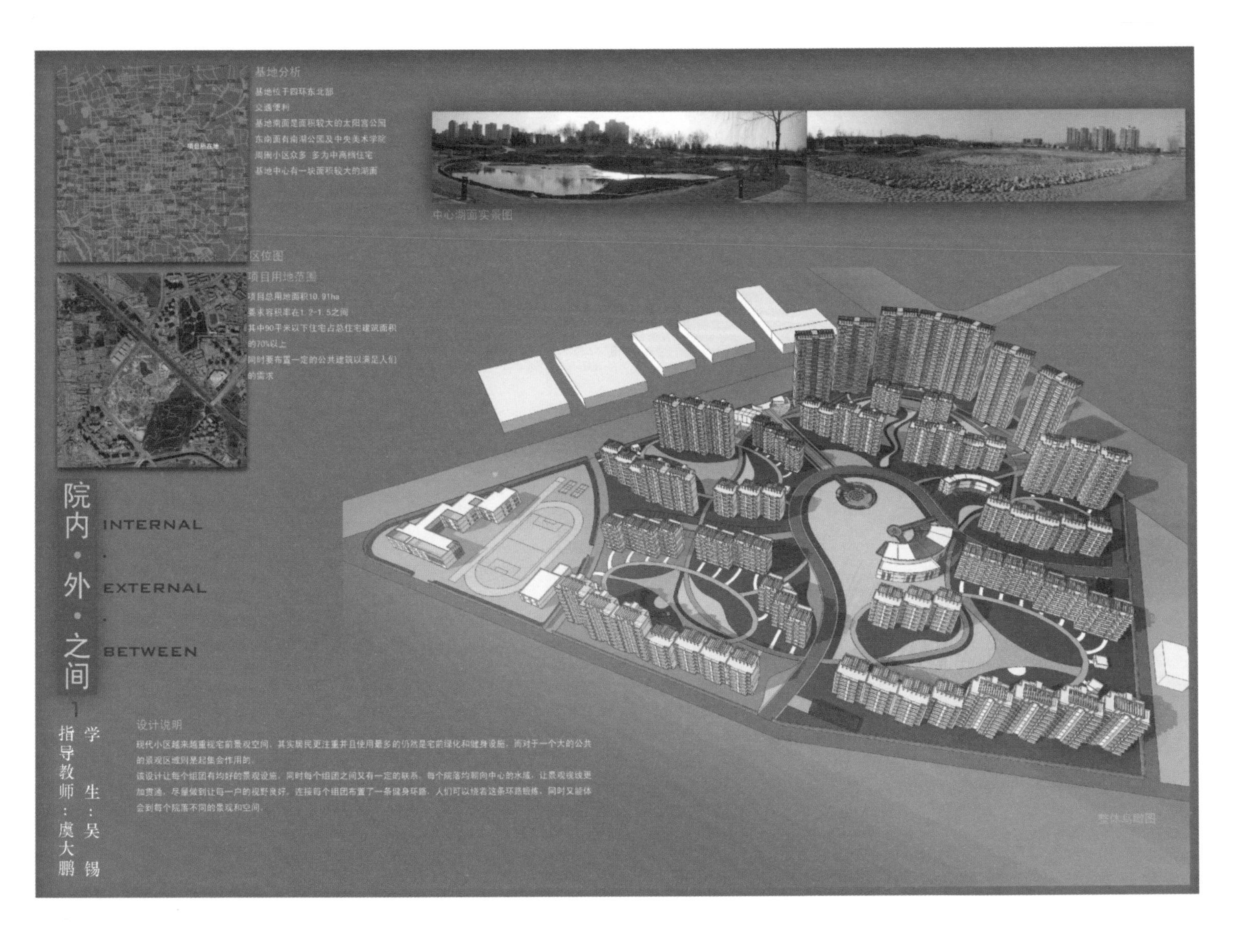

作品点评：

曲线形的车形路与通向西侧主入口的林荫步道将用地均衡地划分为三块，而由一条项链式的景观小路将各组团串联起来，会所与圆形水上平台隔水相望，形成对景和主景观轴。整个规划气氛休闲而轻松。

院内·外·之间 2

学　生：吴锡
指导教师：虞大鹏

基本经济技术指标

总建筑面积(公顷)	10.91
总户数(户)	1266
总人口(人)	4015.2
住宅建筑总面积(平方米)	127835.706
公共建筑总面积(平方米)	9067.9395
容积率	1.25
建筑密度(%)	12.7
绿化率(%)	57.1
地面停车(辆)	134
地下停车(辆)	1184

规划用地平衡表

项目	面积(ha)	人均面积(平方米)	占地比例(%)
住宅用地	1.03604606	2.56	9.5
公建用地	0.97202531	2.40	8.9
道路用地	2.670768	6.59	24.5
绿化用地	6.311.6063	15.38	57.1
总计	10.91		100

各公建建筑面积

公建类别	层数(层)	总面积
会所	3	2889.7128
幼儿园	3	891.0465
小学校	3	5287.1802
商业	2	920

各户型建筑面积

住宅类别	户数(户)	楼栋数(栋)	面积(平方米)
120平米层次	252	7	41431.4082
90平米层次	690	25	65945.5533
60平米层次	324	27	21272.9976
共计	1014	59	128649.9591

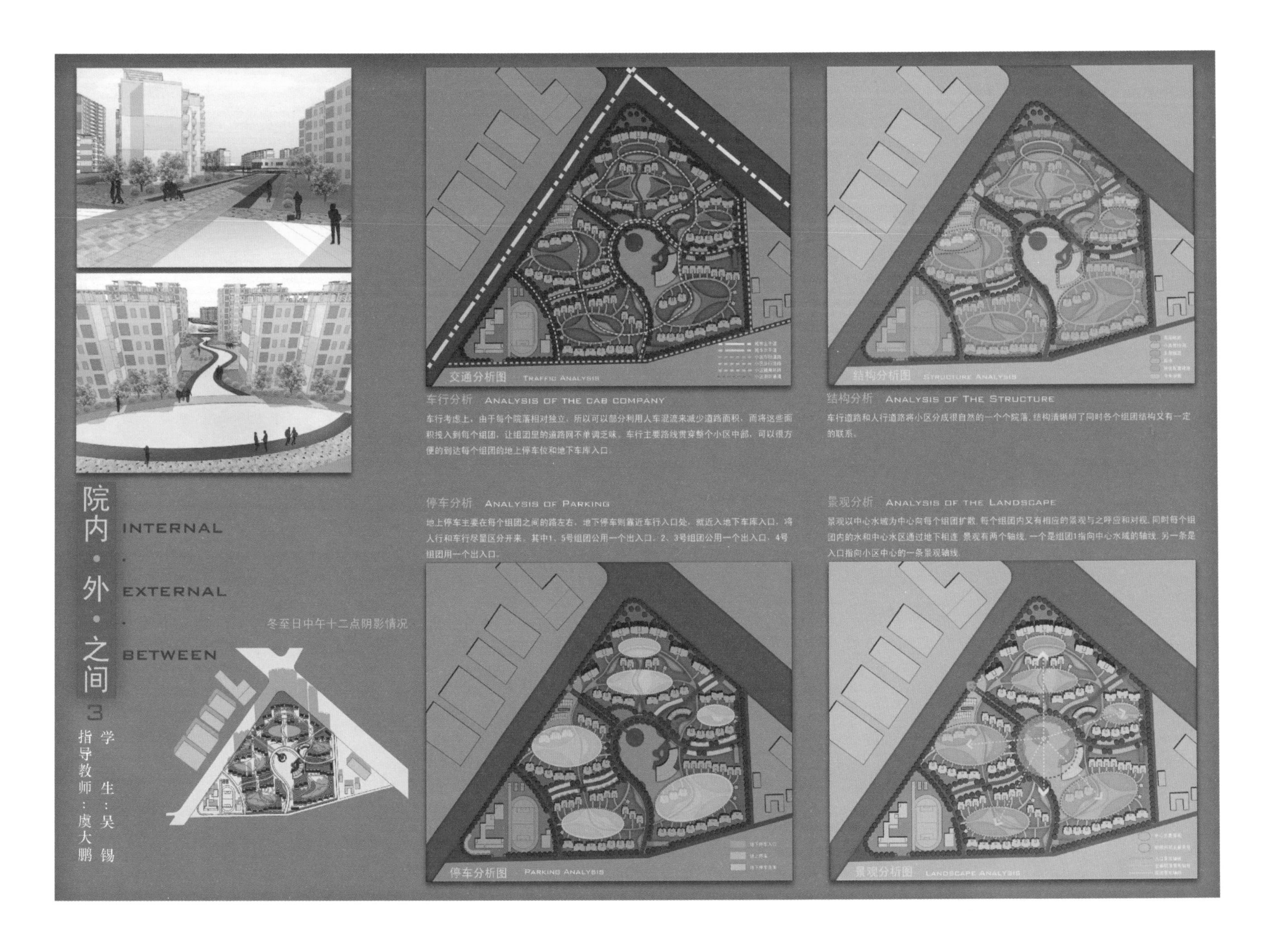
院内·外·之间
INTERNAL · EXTERNAL · BETWEEN
3
学生：吴锡
指导教师：虞大鹏
冬至日中午十二点阴影情况
交通分析图 TRAFFIC ANALYSIS
车行分析 ANALYSIS OF THE CAB COMPANY
车行考虑上，由于每个院落相对独立，所以可以部分利用人车混流来减少道路面积，而将这些面积投入到每个组团，让组团里的道路网不单调乏味。车行主要路线贯穿整个小区中部，可以很方便的到达每个组团的地上停车位和地下车库入口。
结构分析图 STRUCTURE ANALYSIS
结构分析 ANALYSIS OF THE STRUCTURE
车行道路和人行道路将小区分成很自然的一个个院落，结构清晰明了同时各个组团结构又有一定的联系。
停车分析 ANALYSIS OF PARKING
地上停车主要在每个组团之间的路左右，地下停车则靠近车行入口处，就近入地下车库入口，将人行和车行尽量区分开来。其中1、5号组团公用一个出入口，2、3号组团公用一个出入口，4号组团用一个出入口。
停车分析图 PARKING ANALYSIS
景观分析 ANALYSIS OF THE LANDSCAPE
景观以中心水域为中心向每个组团扩散，每个组团内又有相应的景观与之呼应和对视，同时每个组团内的水和中心水区通过地下相连。景观有两个轴线，一个是组团1指向中心水域的轴线，另一条是入口指向小区中心的一条景观轴线。
景观分析图 LANDSCAPE ANALYSIS

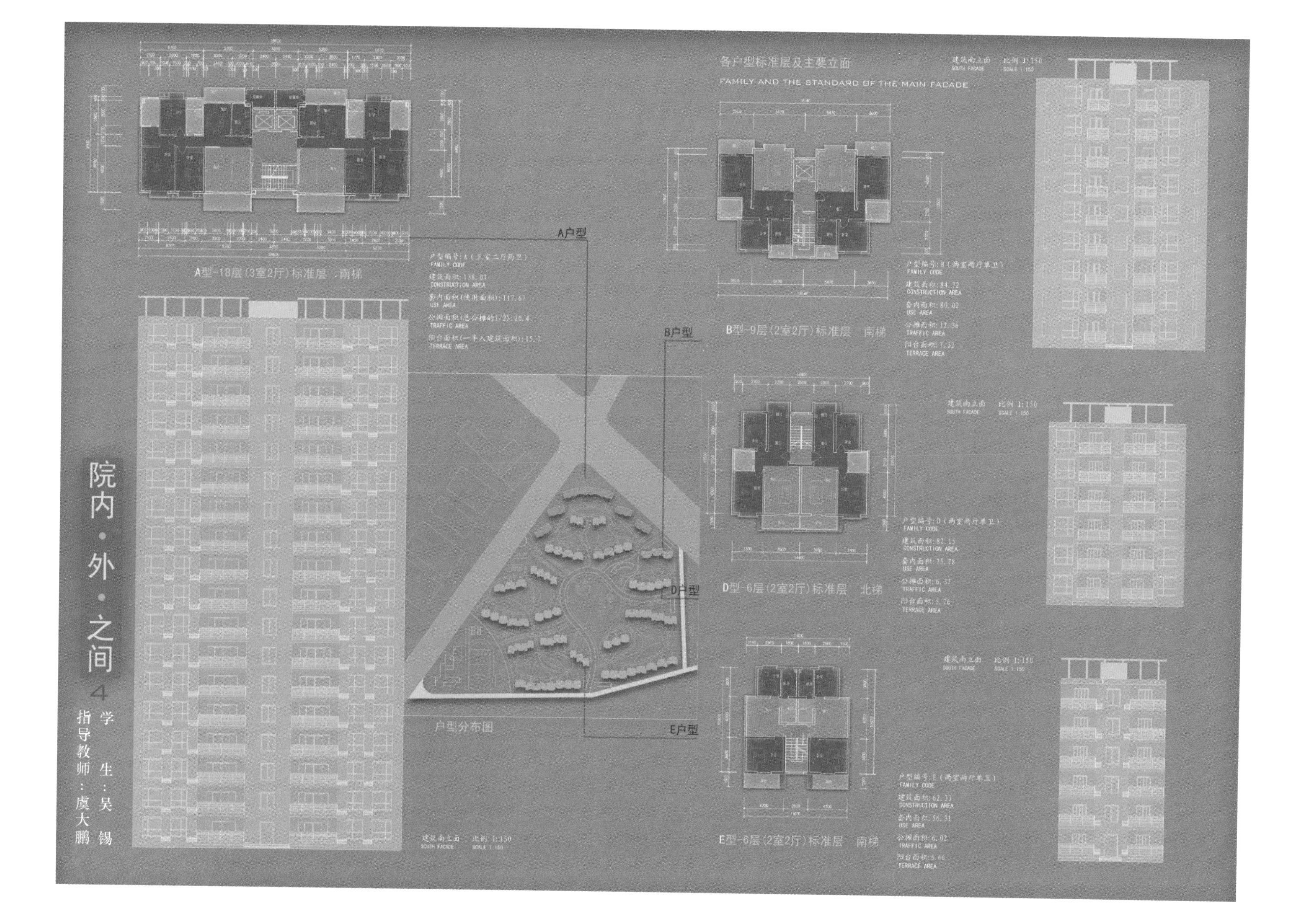
院内·外·之间 4
学　生：吴　锡
指导教师：虞大鹏
各户型标准层及主要立面
FAMILY AND THE STANDARD OF THE MAIN FACADE
A型-18层(3室2厅)标准层 .南梯
户型编号:A(三室二厅两卫)
FAMILY CODE
建筑面积:138.07
CONSTRUCTION AREA
套内面积(使用面积):117.67
USE AREA
公摊面积(总公摊的1/2):20.4
TRAFFIC AREA
阳台面积(一半入建筑面积):15.7
TERRACE AREA
A户型
B户型
D户型
E户型
户型分布图
B型-9层(2室2厅)标准层　南梯
户型编号:B(两室两厅单卫)
FAMILY CODE
建筑面积:84.72
CONSTRUCTION AREA
套内面积:80.02
USE AREA
公摊面积:12.36
TRAFFIC AREA
阳台面积:7.32
TERRACE AREA
D型-6层(2室2厅)标准层　北梯
户型编号:D(两室两厅单卫)
FAMILY CODE
建筑面积:82.15
CONSTRUCTION AREA
套内面积:75.78
USE AREA
公摊面积:6.37
TRAFFIC AREA
阳台面积:5.76
TERRACE AREA
E型-6层(2室2厅)标准层　南梯
户型编号:E(两室两厅单卫)
FAMILY CODE
建筑面积:62.33
CONSTRUCTION AREA
套内面积:56.31
USE AREA
公摊面积:6.02
TRAFFIC AREA
阳台面积:6.66
TERRACE AREA
建筑南立面　比例 1:150
SOUTH FACADE　SCALE 1:150

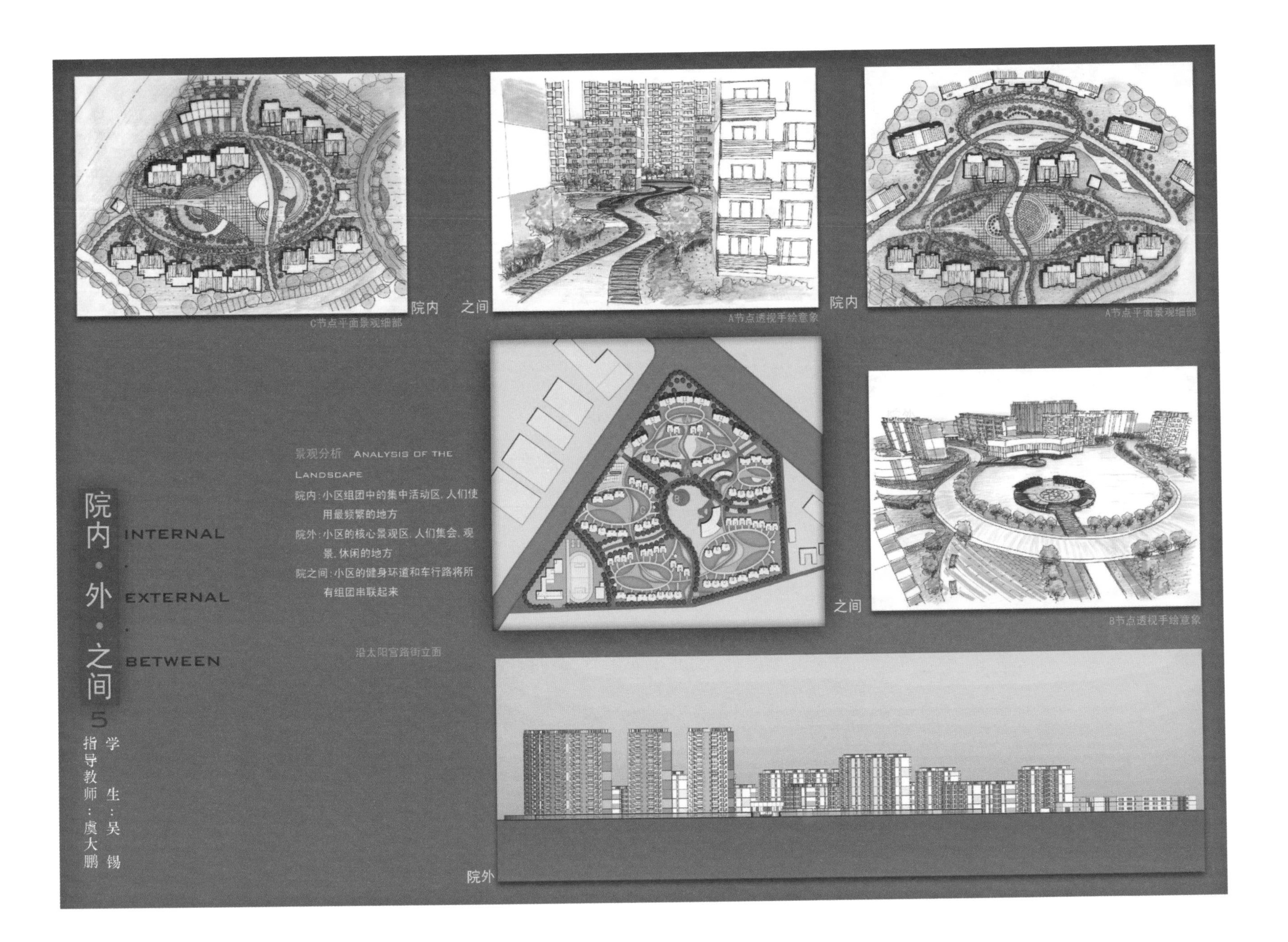
院内·外·之间
INTERNAL · EXTERNAL · BETWEEN
5
学 生：吴 锡
指导教师：虞大鹏
景观分析 ANALYSIS OF THE LANDSCAPE
院内：小区组团中的集中活动区，人们使用最频繁的地方
院外：小区的核心景观区，人们集会、观景、休闲的地方
院之间：小区的健身环道和车行路将所有组团串联起来
沿太阳宫路街立面
院内
之间
院内
之间
院外
C节点平面景观细部
A节点透视手绘意象
A节点平面景观细部
B节点透视手绘意象

Cell community —— 居住区规划设计

指导教师：何 崴
学　　生：葛晓婷

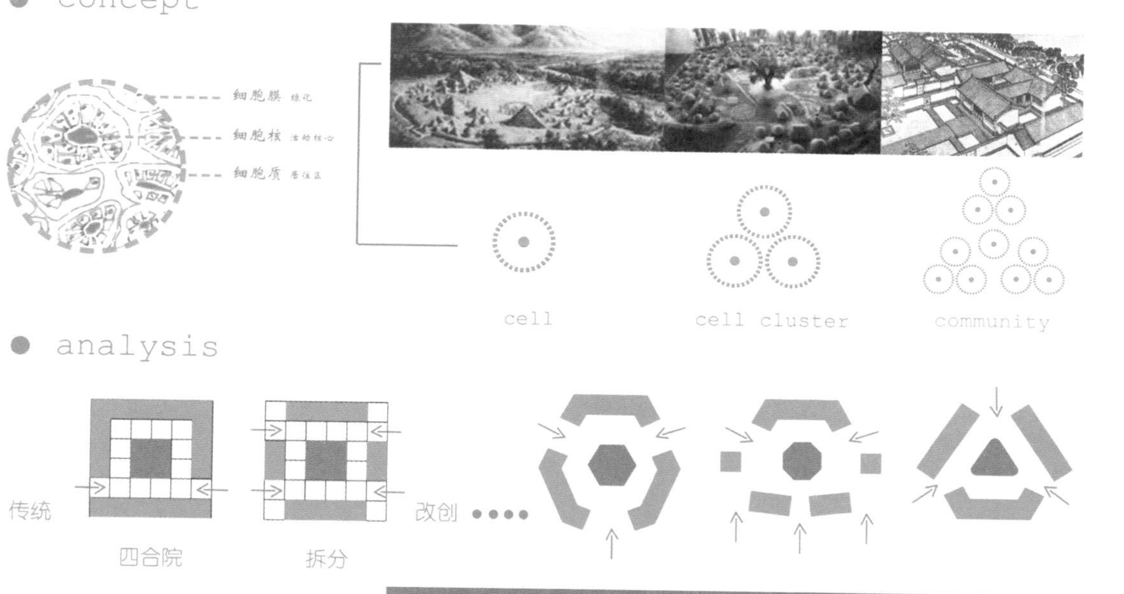

● enviroment

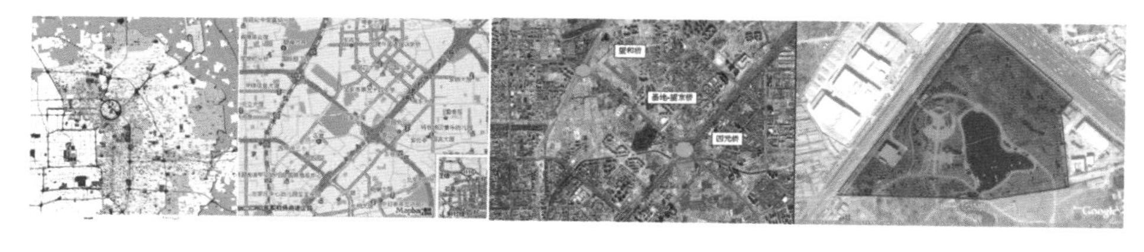

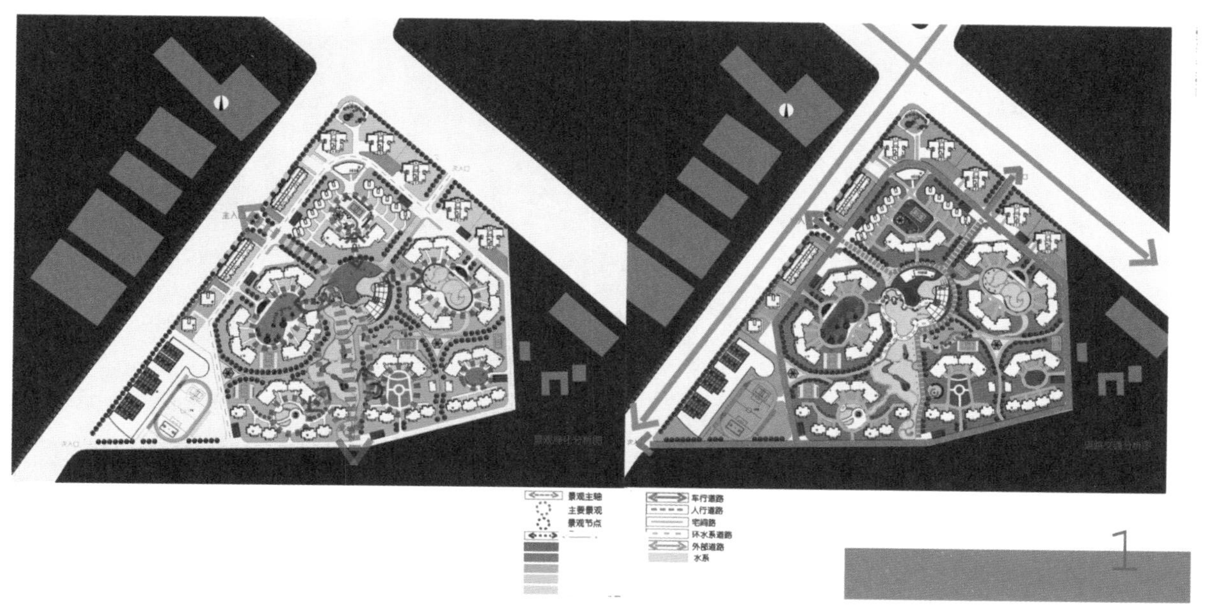

作品点评：

组团划分明确，建筑围绕组团绿地向心布置，从空间形态上营造出明确的归属感。庭院景观重于朝向（尤其在南方），也是一种时尚的选择。林荫步道与水面的划分利用自由而活跃。

指标

用地平衡表

用地名称	面积（公顷）	比重	
• 总用地面积 ：	10.91 ha	100%	31.14
• 住宅用地 ：	3.251 ha	29.81%	9.288
• 公建用地 ：	1.948 ha	17.88%	5.56
• 道路用地 ：	1.322 ha	12.13%	3.777
• 绿化用地 ：	4.380 ha	40.18%	12.54

经济技术指标

• 总建筑面积：	128000 M^2
• 总户数：	1262 户
• 建筑密度：	28.30%
• 容积率：	1.28
• 绿化率：	45.68%
• 住宅总建筑面积：	111580 M^2
• 公共设施总建筑面积：	16420 M^2
• 总人数：	3500 人
• 总停车数：	1320辆

功能

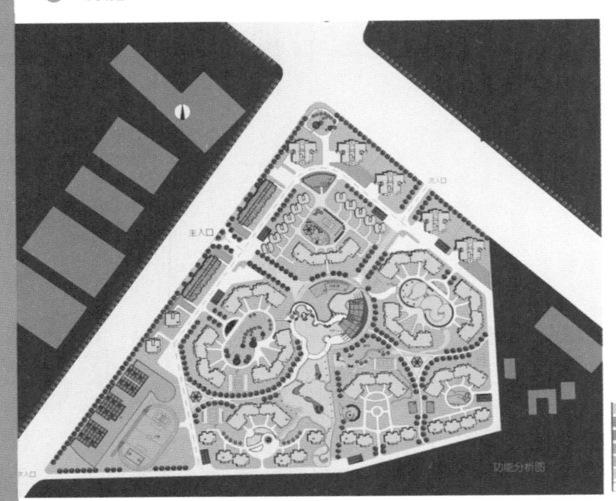

总平面

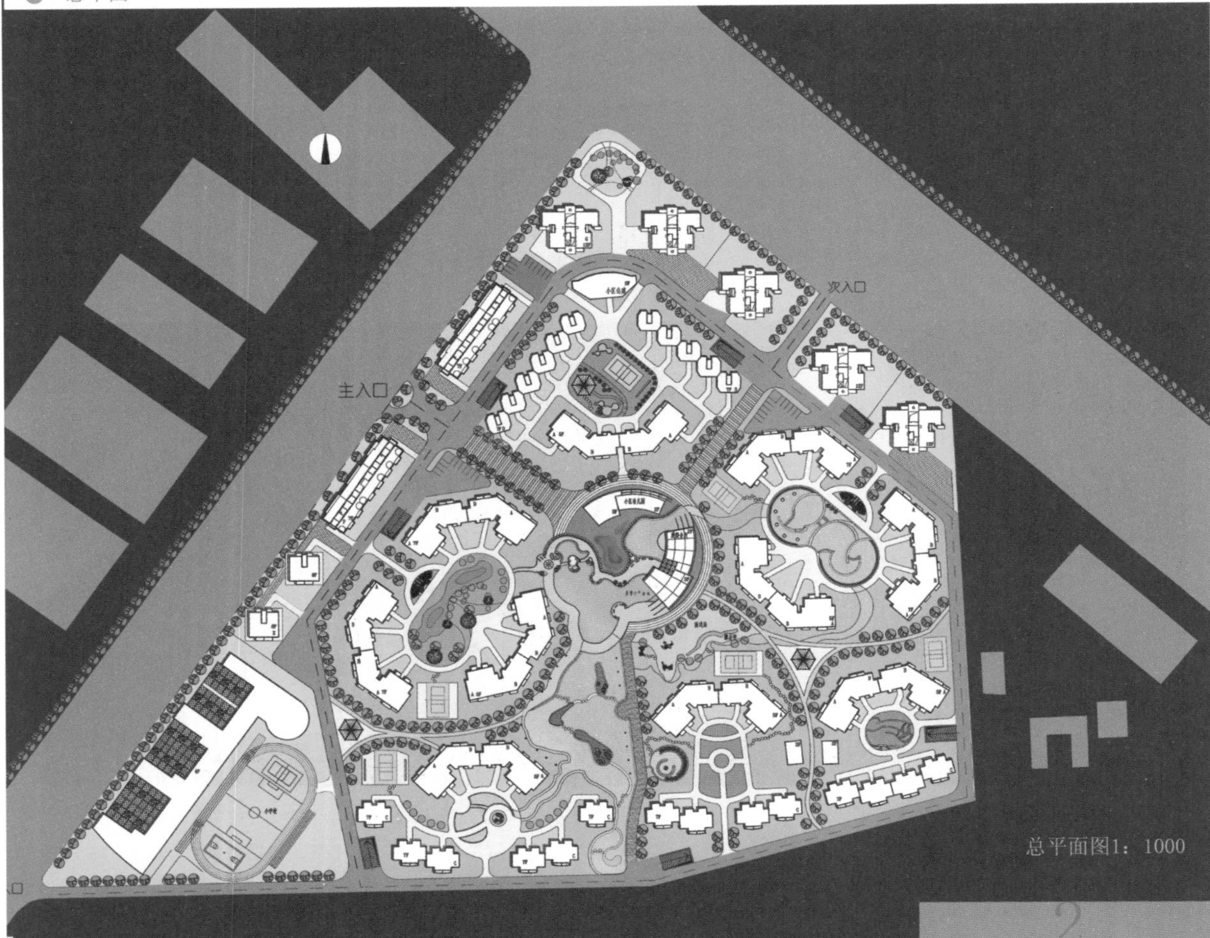

总平面图1：1000

2

指导教师：何 崴
学　　生：葛晓婷

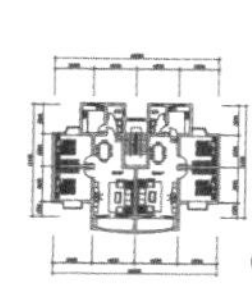

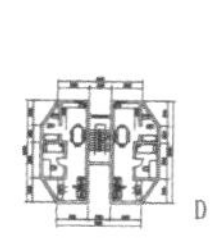

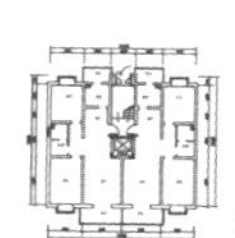

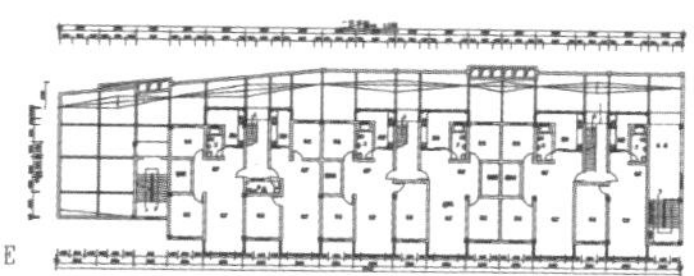

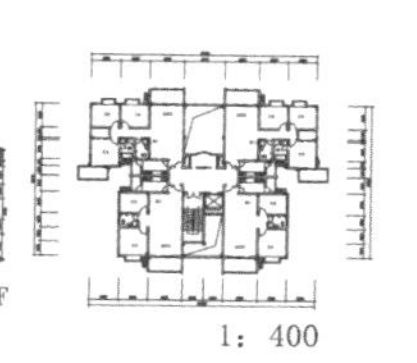

1：400

主要参考书目

[1] 白德懋. 居住区规划与环境设计. 北京：中国建筑工业出版社，1993.

[2] 朱家瑾. 居住区规划设计. 北京：中国建筑工业出版社，2000.

[3] 建筑设计资料集. 北京：中国建筑工业出版社，1994.

[4] 卢仁. 园林建筑装饰小品. 北京：中国林业出版社，2000.

[5] 韩光煦，韩燕. 会所及环境设计. 杭州：中国美术学院出版社，2006.

[6] 韩光煦，王珂. 手绘建筑画. 北京：中国水利水电出版社，知识产权出版社，2007.

[7] 城市居住区规划设计规范（GB 50180—93）. 北京：中国建筑工业出版社，2002.

[8] 民用建筑设计通则（GB 50352—2005）. 北京：中国建筑工业出版社，2005.

[9] 居住区环境景观设计导则（2006版）. 北京：中国建筑工业出版社，2006.

后 记

艺术院校建筑与环境艺术专业的学生到了四年级，就要进入建筑群体空间规划设计的课题，这是一次将建筑、规划、景观融为一体的综合训练。中央美术学院建筑学院的建筑学专业多年来一直将“小区规划——住宅与住区环境设计”作为必修的保留课题。一般安排是每周8学时（两个半天），连续10周。这种集中安排的方式带有艺术院校的特点，与理工院校略有不同。

在此之前的设计课中，居住建筑已经做过别墅、集合住宅等项目，公共建筑也做过学校、会所、旅馆等项目。也就是说，学生已基本掌握了单体建筑的设计方法。小区规划则是在此基础上进行群体建筑的设计训练。

小区规划设计的重点，一是要解决与周边城市环境的衔接和协调关系；二是要处理好小区内建筑群体的空间组合；三是要创造一个优美、宜人的景观系统；四是要在安排好各项功能的过程中，初步掌握有关法规、标准和主要指标的概念与计算方法。

从多年的教学实践看，基本上达到了以上目的，多数同学随着设计的深入表现出浓厚的兴趣和具有个性的创意。但也经常出现一些带有普遍性的问题。例如，重设计趣味，轻指标计算；深入程度不够，主要公共建筑来不及进行方案设计，仅以概念性的块块充数；对室外空间尺度把握不好，尤其是公共建筑与周边空间尺度的处理，要么局促，要么空旷；等等。这些问题是需要研究解决的。此外，由于课程设置和学时所限，竖向设计和管网综合等工程技术方面涉及尚少。总之，现有小区规划主要还是以群体建筑组合和空间形象创作为主的课程。

实践证明，小区规划课程的设置对于提高学生的综合设计能力十分有效。学生开始摆脱单体建筑和局部“小趣味”的局限，思路和眼界更为开阔。由于我们要求学生在动手设计之前，结合案头准备进行社会调查，在收集资料和实地体验中逐渐实现与社会“接轨”，效果比较明显。学生在毕业后能较快适应实际工作，一些优秀的学生甚至能“战胜”有经验的老建筑师而在方案竞争中胜出。这说明经过这一阶段的训练，学生在策划与创意方面已经具有一定优势，而这种优势在当今设计市场的激烈竞争中是十分重要的。从长远的观点说，对于未来的建筑师，不仅要求他们具有艺术家的素质和单体建筑创作技巧，同时应具有把握全局的能力和高度的社会责任感。为了提高我国城市设计水平和切实提高人居环境质量，未来的建筑师们应该承担起这一时代赋予的历史使命。

韩光煦

韩光煦，1939年出生，中央美术学院建筑学院教授。1965年毕业于清华大学建筑系，先后在煤炭部沈阳设计院，煤炭部设计总院任建筑师、主任工程师和高级建筑师，长期从事建筑设计和规划设计工作并从事能源与环境问题研究。1983年和1984年曾分别赴英国和美国参加有关环境问题国际研讨会，获当时的国家计委、经委和科委联合颁发的国家14个重要领域技术政策研究“重要贡献奖”。1986年起任国家机械部某建筑设计研究院总建筑师、院长。其间，1989～1991年任援建前苏联乌克兰5项工程总建筑师及现场总指挥。1994年调入中央美术学院任教。

主要作品有北京三元宾馆、煤炭管理干部学院会堂、亚运会手球馆，曾主持广东肇庆七星岩旅游度假区总体规划、广东湛江东海岛开发区管委会大楼、深圳中房高层商住楼和广州保税区等工程设计。1972年曾参加纪念《在延安文艺座谈会上的讲话》发表30周年全国美展。现为中央美术学院建筑学院教授、研究生导师和国家一级注册建筑师，中国建筑学会资深会员。

主要论文有《建筑设计中的广义生态观》和《关于城市建筑色彩的思考》等。

中央美院城市设计学院城市形象设计学部常务副主任，教授，国家一级注册建筑师，中央美术学院建筑学院在读博士生。1986年毕业于北京工业大学建筑系建筑学专业，获工学学士。2002年毕业于中央美术学院设计系环境艺术专业，获文学硕士。同年，于中央美术学院城市设计学院任教至今。2005～2006年以访问学者身份赴日本京都精华大学艺术学部建筑分野进修。2008年11月起任中央美术学院城市设计学院城市形象设计学部常务副主任。

主要作品有北京稻香湖国际教育园可研报告·景观规划篇、重庆长滨路休闲水岩示范段形象规划、北京动物园迁至延庆的可研报告、世纪东方城公建项目前期定位策划、平遥职业学校新校区、中国人民抗日战争纪念馆改扩建工程、翠湖国家城市湿地公园系列展馆、威海金石湾艺术家别墅建筑方案设计、北京清河湿地度假酒店设计、北京清河湿地度假别墅设计、苏州元和文化创意产业园区设计。

出版著作“中央美术学院实验教学丛书”的《别墅及环境设计》和《会所及环境设计》以及《室内外环境设计与快速表现》，发表论文《浅谈传统民居的特性与居住建筑设计的生态观》、《提高城市湿地公园整体设计意识，建设宜居首都》，曾先后担任《屋顶设计与文化》“中国、日本、韩国及东南亚部分”、《中国美术大百科全书·建筑卷》之中国现代建筑条目、《居住区规划设计原理》之居住区道路部分的撰稿人。2005年《住宅设计原理》课件——《集合住宅》获得教育部“第五届全国多媒体课件大赛”中高教组三等奖。

韩　燕